职业技能等级认定培训教程

人工智能训练师

（基础知识）

中国就业培训技术指导中心
人力资源和社会保障部职业技能鉴定中心　组织编写

中国劳动社会保障出版社

图书在版编目（CIP）数据

人工智能训练师. 基础知识 / 中国就业培训技术指导中心，人力资源和社会保障部职业技能鉴定中心组织编写. -- 北京：中国劳动社会保障出版社，2025.（职业技能等级认定培训教程）. -- ISBN 978-7-5167-6823-5

I. TP18

中国国家版本馆 CIP 数据核字第 2025DT0226 号

中国劳动社会保障出版社出版发行

（北京市惠新东街 1 号　邮政编码：100029）

*

三河市华骏印务包装有限公司印刷装订　新华书店经销

787 毫米 ×1092 毫米　16 开本　11 印张　178 千字
2025 年 2 月第 1 版　2025 年 6 月第 2 次印刷
定价：32.00 元

营销中心电话：400-606-6496
出版社网址：https://www.class.com.cn

版权专有　侵权必究

如有印装差错，请与本社联系调换：（010）81211666
我社将与版权执法机关配合，大力打击盗印、销售和使用盗版图书活动，敬请广大读者协助举报，经查实将给予举报者奖励。
举报电话：（010）64954652

编审委员会

主　任　吴礼舵　张　斌　韩智力
副主任　葛恒双　葛　玮
委　员　李　克　朱　兵　赵　欢　王小兵　贾成千　吕红文
　　　　瞿伟洁　高　文　郑丽媛　陆照亮　刘维伟

本书编审人员

主　编　吴东恒
副主编　罗志轩　苏　钰　郭庆榕
编　者　刘　冲　边焱焱　张成刚　牛博也　王　淳　王　新
　　　　王　乐
主　审　成　心

前　言

为加快建立劳动者终身职业技能培训制度，全面推行职业技能等级制度，推进技能人才评价制度改革，进一步规范培训管理，提高培训质量，中国就业培训技术指导中心、人力资源和社会保障部职业技能鉴定中心组织有关专家在《人工智能训练师国家职业技能标准（2021年版）》（以下简称《标准》）制定工作基础上，编写了人工智能训练师职业技能等级认定培训教程（以下简称等级教程）。

人工智能训练师等级教程紧贴《标准》要求编写，内容上突出职业能力优先的编写原则，结构上按照职业功能模块分级别编写。该等级教程共包括《人工智能训练师（基础知识）》《人工智能训练师（初级）》《人工智能训练师（中级）》《人工智能训练师（高级）》《人工智能训练师（技师 高级技师）》5本。《人工智能训练师（基础知识）》是各级别人工智能训练师均需掌握的基础知识，其他各级别教程内容分别包括各级别人工智能训练师应掌握的理论知识和操作技能。

本书是人工智能训练师等级教程中的一本，是职业技能等级认定推荐教程，也是职业技能等级认定题库开发的重要依据，适用于职业技能等级认定培训和中短期职业技能培训。

本书在编写过程中得到阿里巴巴（中国）有限公司、淘宝（中国）软件有限公司、浙江天猫技术有限公司、阿里巴巴（中国）教育科技有限公司、中国医学科学院北京协和医院、首都经济贸易大学、中国信息协会数字经济专业委员会、北京天地思维管理咨询有限公司等单位的大力支持与协助，在此一并表示衷心感谢。

中国就业培训技术指导中心
人力资源和社会保障部职业技能鉴定中心

目 录 CONTENTS

职业模块 1　职业道德与职业守则 ·· 1
 培训课程 1　道德与职业道德 ··· 3
  学习单元 1　道德基本知识 ··· 3
  学习单元 2　职业道德基本知识 ··· 4
 培训课程 2　职业守则 ··· 6
  学习单元　人工智能训练师职业守则 ··· 6

职业模块 2　人工智能训练师职业介绍 ··· 9
 培训课程 1　人工智能训练师职业认知 ·· 11
  学习单元 1　人工智能训练师的诞生与发展 ································· 11
  学习单元 2　人工智能训练师的职业前景 ··································· 14
  学习单元 3　什么是人工智能训练师 ·· 15
  学习单元 4　深入理解人工智能训练师 ····································· 19
 培训课程 2　人工智能训练师数据训练能力 ································· 24
  学习单元 1　人工智能数据采集 ·· 24
  学习单元 2　人工智能数据预处理 ··· 28
  学习单元 3　人工智能数据标注 ·· 40

职业模块 3　计算机系统知识 ·· 49
 培训课程 1　计算机系统基础 ··· 51
  学习单元 1　计算机基本知识 ··· 51
  学习单元 2　计算机的历史与未来发展 ····································· 63
 培训课程 2　网络环境与互联网应用 ·· 66
  学习单元 1　网络基础知识 ·· 66
  学习单元 2　互联网服务与应用 ·· 69
  学习单元 3　数据安全与网络安全 ··· 74

1

职业模块4　常用办公软件基础知识 ·· 83

培训课程1　认识办公软件 ·· 85
学习单元1　办公软件及其分类和特点 ·· 85
学习单元2　办公软件的发展趋势 ·· 87

培训课程2　常用办公软件工具介绍 ·· 92
学习单元1　WPS 文字 ·· 92
学习单元2　WPS 表格 ·· 96
学习单元3　WPS 演示 ·· 100

职业模块5　人工智能知识及应用 ·· 105

培训课程1　人工智能基础知识 ·· 107
学习单元1　什么是人工智能 ··· 107
学习单元2　人工智能技术的意义与影响 ·· 109
学习单元3　人工智能技术及其理论的发展历史 ······································· 112

培训课程2　人工智能产品和应用 ··· 116
学习单元1　人工智能产品三大核心要素 ·· 116
学习单元2　人工智能产品的应用层次 ··· 126

培训课程3　人工智能未来发展趋势 ··· 135
学习单元1　人工智能与数据安全 ··· 135
学习单元2　人工智能与相关新岗位 ·· 139

职业模块6　相关法律、法规知识 ·· 143

培训课程1　人工智能相关的中国法律与标准 ·· 145
学习单元1　《中华人民共和国劳动法》相关知识 ···································· 145
学习单元2　《中华人民共和国劳动合同法》相关知识 ····························· 147
学习单元3　《中华人民共和国网络安全法》相关知识 ····························· 150
学习单元4　《中华人民共和国知识产权海关保护条例》相关知识 ············· 152
学习单元5　《信息安全技术　个人信息安全规范》相关知识 ···················· 154
学习单元6　《信息安全技术　关键信息基础设施安全保护要求》
　　　　　　　相关知识 ··· 156

培训课程2　人工智能相关的国际法律与标准 ·· 160

学习单元 1　《国际劳工组织（ILO）公约》相关知识 …………………… 160

学习单元 2　欧盟《通用数据保护条例》（GDPR）相关知识 ……………… 161

学习单元 3　*IEEE Standards for AI Ethics*（人工智能设计的伦理准则）
相关知识 …………………………………………………………… 162

学习单元 4　*Ethics Guidelines for Trustworthy AI*（可信赖的人工智能
伦理准则）相关知识 ……………………………………………… 164

职业模块 1
职业道德与职业守则

培训课程 1

道德与职业道德

学习单元 1　道德基本知识

一、道德的起源

人们在追溯道德的起源时,发现道德是多维度的,它涉及生物学、哲学和社会文化等多个领域。

从生物学的视角来看,道德起源于早期人类为了群体生存而形成的合作与互助行为。这些行为规范有助于个体在群体中的生存,现代生物学研究也揭示了这些道德行为与大脑中负责社会行为和情感反应的区域活动有关,显示了道德基于人们的生物本能。

哲学对道德的发展也有着深远的影响。古希腊哲学家亚里士多德认为,道德活动与个人的幸福紧密相关,幸福是人生的最终目的,而道德德行是实现这一目的的手段。德国哲学家伊曼努尔·康德则强调道德行为应当基于能够成为普遍法则的理性原则,而非行为的后果。亚里士多德的德行伦理学注重个人品德的培养,而康德的道德哲学则强调行为的理性和道德的普遍性原则。这些哲学思想不仅深化了人们对道德的理解,也为道德规范的制定提供了理论依据。

随着社会结构的复杂化,道德规范逐渐形成,用以维持社会秩序、促进社会合作并减少冲突。虽然不同文化背景下的道德规范各有差异,但它们的核心目标一致,即维护社会的稳定与和谐。诚实、公正和关爱他人等道德原则在不同社会中具有共性,这也反映了人类社会对秩序和合作的普遍需求。

道德的起源是一个由生物学本能、哲学思考和社会文化需求共同塑造的复杂过程。生物学角度揭示了道德行为与人的生物本能相关,哲学思想提供了道德规范的理论基础,而社会文化则决定了道德规范的具体形式和目标。综合这些视角,我们不仅能够深入理解道德的内涵,还能有效指导现代社会中道德规范的制定和实践,从而促进个人成长和社会和谐。

二、道德的概念

道德是一种社会意识形态,是人们共同生活及其行为的准则和规范。道德通过人们的自律或通过一定的舆论对社会生活起约束作用。在特定的社会和文化背景下,道德是一套价值标准和行为规范,它用来评价行为的正当性与善恶,指导个人与社会之间的相互关系,以维护社会秩序、促进合作与实现和谐。

学习单元2 职业道德基本知识

一、职业道德的概念

职业道德是指在特定职业领域内,从业人员应遵循的道德规范和行为准则。这些规范和准则的核心目的是确保个人在工作中展现出诚实、公正和严谨等基本品质。职业道德要求个人不仅在行为上自律,而且在对待同事、客户和社会时也要体现出公平和尊重。它强调在职业活动中保持诚实、遵守行业标准,以维护职业声誉和公众信任。

二、职业道德的特征

职业道德不仅体现了各个职业的独特规范,而且在提升社会整体道德素质方面起到关键的作用。深入理解职业道德的特征有助于认识职业道德在日常工作中的重要性,促进人们自觉地在职业行为中遵循和实践这些道德准则。以下是职业道德的几个主要特征。

1. 职业性

职业道德与职业实践活动紧密相连,反映特定职业活动对从业人员行为的道德要求。每一种职业道德都只能规范本行业从业人员的职业行为,在特定的职业范围内发挥作用。

2. 实践性

职业行为过程就是职业实践过程，只有在实践过程中，才能体现出职业道德的水准。职业道德的作用是调整职业关系，对从业人员职业活动的具体行为进行规范，解决现实生活中的具体道德冲突。实践性决定了职业道德不是抽象的概念，而是具体的行动指南。

3. 继承性

职业道德是在长期实践活动中逐渐形成的，并作为经验和传统被一代代传承。在不同的社会经济发展阶段，尽管同一职业的服务对象、服务方式、职业利益、责任和义务可能有所变化，但其职业行为的道德要求的核心要素依旧保持相对稳定，得以继承和持续发展、完善。

培训课程 2

职业守则

学习单元　人工智能训练师职业守则

职业守则是指从事特定职业人员在日常工作活动中应遵循的行为准则。对于人工智能训练师而言，其职业守则规定了他们在工作中必须遵守的行业规范。人工智能训练师职业守则涵盖了诚实公正、遵章守法和勤勉好学等多个方面。通过严格遵守这些守则，人工智能训练师不仅能确保职业活动的顺利进行，还能提高个人和集体的综合素质。

一、诚实公正，严谨求是

1. 诚实

诚实不仅意味着对职业的忠诚，更体现在确保工作内容的真实性上。人工智能训练师应在工作中保持对事实的忠诚，不隐瞒真实想法和情感。在任何情况下，都应确保言语、行为和决策的真实性，严禁撒谎、作假或以任何不正当方式误导他人。诚实有助于树立行业的正面形象，增强社会对人工智能训练师群体的信任。

2. 公正

公正确保人工智能训练师对同事、客户及合作伙伴的平等对待，以及在资源分配和决策过程中的公正无私。维护公正不仅是职业道德的要求，也是人工智能训练师提升团队凝聚力和工作效率的重要保障。在面对利益冲突时，人工智能训练师应做出公正判断，确保所有决策均基于客观事实和公正的原则。

3. 严谨求是

严谨求是要求人工智能训练师深入实际，进行严谨的调查和研究，确保工作基于可靠的数据和信息。在实践中，必须验证信息的真实性，并科学分析社会经济现象之间的内在联系。通过严谨求是的工作态度，人工智能训练师能够有效防止虚假和浮夸现象，确保工作的高质、高效。

二、遵章守法，恪尽职守

1. 遵章守法

遵守法律、法规是人工智能训练师职业道德的基石。在完成职业任务时，人工智能训练师需严格遵守相关法律、法规，确保其工作行为合法、合规。法律的实施是维护职业活动公平性和合法性的关键。此外，道德规范的遵循同样不可或缺，通过持续的教育和引导，可以唤起从业人员的道德意识，使职业道德融入工作流程。

2. 恪尽职守

在日常工作中，人工智能训练师不仅要保持认真负责的态度，还要严格遵守岗位职责，对工作要有高度的责任感和敬业精神。每个人工智能训练师都应在自己的岗位上发挥最大作用，追求工作的完美和高效。在职业实践中，人工智能训练师应设定清晰的工作目标和标准，不断检视和优化工作方法，确保工作质量持续提升。

三、勤勉好学，追求卓越

1. 勤勉好学

职业成就的取得离不开持续的努力和学习。勤勉好学不仅要求人工智能训练师对工作保持高度的热情和投入，更要求其对专业知识的深入探索和学习更新。对于人工智能训练师，勤勉好学的精神体现为其对新知识、新技术的主动学习和掌握，以及对现有知识体系的不断优化。人工智能训练师需通过持续的学习和实践，以适应技术的快速迭代和行业需求的变化，从而在专业领域内保持竞争力，实现更高的职业目标。

2. 追求卓越

卓越不仅体现在高质量的工作成果上，更见于工作流程的精细化管理和服务细节的极致追求。人工智能训练师应始终坚持高标准的服务要求，不断提升专业水平，确保每一次服务都能达到最佳效果。追求卓越要求人工智能训练师在个人行为和职业道德上树立典范，在日常生活中，应展现良好的素养，遵守社会规范；在专业服务中，应秉承客户至上的原则，不断提升服务质量。追求卓越意味着在工作中要每一个环节都力求完美，通过持续的自我提升，推动整个行业的进步，为社会的发展贡献力量。

职业模块 ② 人工智能训练师职业介绍

培训课程 1 人工智能训练师职业认知

学习单元 1　人工智能训练师的诞生与发展

一、人工智能训练师的诞生

1. 智能化时代来临

人类从古代的车马泥泞到如今的飞越浩瀚宇宙，经历了数次技术革命，推动社会高速向前发展。进入智能化时代，人类社会的变化更是日新月异。

智能化时代，人工智能产品及其应用成为人类的"比特武装"，既赋予机器人智能以完成过去难以企及的任务，又释放了大量基础服务劳动力，让人类能够专注于更高阶、更有价值的工作。然而，随着人工智能技术在各行各业的广泛应用，智能化产品的研发和应用也日益增多。这种"智能化竞赛"虽带来了繁荣，但也暗藏危机。

企业在使用智能产品时，常常发现实际效果难以达到预期。人工智能产品不同于传统产品，需要持续的数据输入和模型训练，并与实际生产场景紧密结合，这要求技术运营人员和算法专家密切合作。

在实践中，企业发现传统技术人员往往缺乏对业务运作模式和背景的理解，无法充分发挥人工智能技术的价值，由此出现了一批既懂业务又了解人工智能原理的新型从业人员，人工智能训练师便是其中之一。

2. 人工智能训练师职业的诞生

人工智能训练师这一职业源于行业发展和精细化分工的需求。然而，在其职业定义和职责尚不明确时，许多相关从业者并未意识到这一新角色的存在。

人工智能训练师是智能服务产品背后的灵魂人物。随着智能产品的成熟应用，越来越多的企业和政府机构开始认可这一职业，并结合自身行业特色和服务部门现状进行培训和考核，组建特色鲜明的人工智能训练师团队。例如，2017年10月12日，杭州市人力资源和社会保障局发布的通知中明确了人工智能训练师的专项职业能力考核。2019年，浙江省成立了全国首支政务人工智能训练师队伍，接受阿里巴巴公司系统培训的工作人员成为首批"政务人工智能训练师"。

2020年2月25日，人力资源社会保障部、市场监管总局、国家统计局联合发布了人工智能训练师等新职业，为该领域的未来发展指明了方向。

人工智能训练师不仅是新兴职业，更是智能服务产品的核心。企业若想在智能化应用中取得成功，必须重视人工智能训练师的培养和能力提升。人工智能训练师只有掌握基础知识与技巧，深刻理解智能化的核心思想，才能充分发挥人工智能技术的价值，提高智能产品用户体验。

未来，随着技术进步和应用场景拓展，人工智能训练师的作用将更加重要。企业需要为其提供更多的培训和发展机会，以应对智能化时代的挑战，推动行业持续健康发展。通过提升人工智能训练师的专业素养和实践能力，企业能够更好地利用智能产品，走出智能化应用的困境，迎接光明的未来。

二、人工智能训练师职业的发展

人工智能训练师职业的发展经历了从初生萌芽，到移动互联网时代，再到大数据时代这三个阶段。每个阶段都有其独特的挑战和机遇，人工智能训练师的角色和核心能力也在不断演变。从最初的项目管理能力，到深度挖掘客户需求，再到数据标注和模型优化，各阶段的人工智能训练师不断适应和提升自我，推动智能产品的进步和应用。

1. 智能产品的初生萌芽阶段

智能产品处于初生萌芽阶段时，各企业将智能产品视为软件系统，由算法和软件工程师团队配合开发。在此过程中，人工智能训练师主要充当项目经理的角色，整体把控项目开发进度，协调和管理团队资源，确保项目按时上线。由于当时的企业没有太多接触用户的渠道，用户大多是以"游客"身份出现，人工智能训练师在进行产品调研时只能通过小规模面谈、问卷调查或者简单的报表数据挖掘需求。例如，通过阅读电商企业的报表数据，人工智能训练师可发现用户在日常咨询中对物流查询的需求占比很高。

在此阶段，智能产品更像是按照程序员预设逻辑执行任务的简单机器人。此阶段，由于市场上智能产品的需求大于供给，基本没有竞争对手，因此企业对人工智能训练师的要求仅是确保系统能按时上线。此阶段，人工智能训练师的核心能力主要集中在项目管理能力上，确保项目顺利推进和按时完成。

2. 移动互联网时代用户数据增量阶段

随着移动互联网技术的快速发展，大量用户涌入企业，用户不再以游客身份访问，而是形成有身份 ID 的数据集合。这给企业调研用户需求创造了更多机会，智能产品也因此在技术上实现了跨越，开发要求和精度越来越高。在此阶段，人工智能训练师除承担项目管理职责外，还更多地承担产品经理的工作，深耕特定智能产品。甚至在某些情况下，同一个智能产品会有多个产品经理负责不同模块。

在这个阶段，人工智能训练师的核心能力转向挖掘客户需求。需求往往来自用户的业务痛点，人工智能训练师寻找和发现这些问题并将其转化为需求，再结合人工智能技术进行开发，排列出需求的重要性和紧急程度，快速完成智能产品的迭代。这些能力对人工智能训练师来说至关重要，只有精准地挖掘和满足客户需求，才能推动智能产品发展。

3. 大数据时代的人工智能阶段

进入大数据时代，智能产品在降低成本和提高用户体验方面的价值得到验证，各企业开始围绕人工智能打造自己的智能产品体系，这标志着人工智能训练师的工作逐步正规化。长期以来，人工智能算法的优化主要依靠海量数据完成。数据对算法的重要性如同汽油对发动机，从车辆自动化驾驶到 AI 聊天机器人，从医学诊断到农作物监测，数据都发挥着重要作用。数据越多、越精准，算法训练获得的模型也就越智能、越好用，商业应用的价值也就越大。然而，企业从客户那里获取的原始数据往往杂乱无章，无法直接用于模型训练。这就需要算法专家提出训练需求，再由相应模块的数据产品经理交付对应的原始数据，最后由数据标注员进行数据清洗与标注工作。

但由于标注员对数据的理解不同，标注质量差异很大，进而影响整体标注工作的质量和效率，最终影响智能服务产品的应用效果。此外，企业在发展过程中积累了大量行业细分领域的数据，但这些数据在使用后无法沉淀和复用。与其他软件程序不同，人工智能产品开发完成后，学习才刚刚开始，需要持续优化和改进。

新形势下，这些问题对人工智能训练师的能力提出了更高要求。人工智能训练师需要行业知识和 AI 思维的结合，岗位划分也更加清晰明确，包括数据标注、知识管理、人机交互设计、流程设计等多种岗位。

学习单元 2　人工智能训练师的职业前景

一、人工智能训练师的薪酬福利待遇

1. 薪酬水平

相关部门发布的企业薪酬调查信息显示，从近年工资价位的高位数来看，人工智能所属的信息传输、软件和信息技术服务人员位居前列。分行业分岗位看，人工智能训练师因企业所属行业不同，从事不同类型智能产品训练工作，其中金融、医疗、教育等行业人工智能训练师工资较高。从区域看，不同城市薪酬水平有差异，一线城市和经济发展快的城市薪酬水平高于其他城市。

2. 与类似职业对比

某招聘网数据显示，在特定地区，该职业岗位薪酬要高于呼叫中心服务员、金融服务人员、信息通信业务员等职业，略低于人工智能工程技术人员。

二、人工智能训练师的职业发展方向

1. 职业转型

该职业领域目前存在巨大人才缺口，且接受过专业培训、具备扎实技能的从业人员较少，就业竞争压力较小。很多职业可以转型成为人工智能训练师，如呼叫中心服务员、建筑信息模型技术员、银行服务员、其他金融服务人员、健康服务员等其他工作中使用人工智能产品的人员皆可转型成为人工智能训练师。

2. 贯通发展

该职业发展路径主要有以下四条：

（1）复合人才路线。即向其他行业或职业跨越、转换，如通过学习相关知识和技能转型为人工智能工程技术人员、大数据工程技术人员、云计算工程技术人员、物联网工程技术人员、计算机程序设计员等，与专业技术岗位横向贯通。

（2）专家路线。即不断提升技能水平，在职业等级上不断晋升，成为人工智能训练领域专家。

（3）管理路线。即从普通员工晋升到主管/单位中层，再晋升到经理/单位领导层，甚至向更高的管理职务发展。

（4）创业路线。即基于个人兴趣爱好进行创新创业。

三、人工智能训练师的未来发展前景

1. 市场供需

据相关报告不完全统计，我国人工智能行业人员存在较大缺口，人才需求规模庞大。从相关企业内部数据来看，国内人工智能人才供需失衡，供求比例约为1∶10。

2. 产业发展

在我国，人工智能技术发展的重要性日益凸显，党和国家高度重视人工智能发展，从产业发展、教育等多方面支持人工智能的发展。在2022年中国算力大会上有消息称，2021年，人工智能核心产业规模超过4 000亿元。中国人工智能产业在各方的共同推动下进入爆发式增长阶段，市场发展潜力巨大，交通、医疗、教育、金融、智能制造、智能家居、智能终端、机器人、客户服务等行业与人工智能的结合短期内有望迎来爆发机会。

3. 政策红利

人工智能技术被视为新一轮产业变革的核心驱动力量，未来中国有望发展成为全球最大的人工智能市场。教育部、国家发展改革委、财政部联合发布了《关于"双一流"建设高校促进学科融合 加快人工智能领域研究生培养的若干意见》，提出要构建基础理论人才与"人工智能+X"复合型人才并重的培养体系，探索深度融合的学科建设和人才培养新模式。各地也推出了一系列政策支持人工智能相关领域的发展。

学习单元3　什么是人工智能训练师

一、人工智能训练师的职业定义

人工智能训练师的职业定义为：使用智能训练软件，在人工智能产品实际使用过程中进行数据库管理、算法参数设置、人机交互设计、性能测试跟踪及其他

辅助作业的人员。人工智能训练师职业包括两个工种：数据标注员和人工智能算法测试员。人工智能训练师主要工作任务及详细描述见表2-1。

表2-1 人工智能训练师主要工作任务及详细描述

主要工作任务	详细描述
收集、标注和加工图片、文字、语音等业务的原始数据	通过多种技术手段收集、标注和处理大量原始数据，为人工智能模型的训练提供基础数据
分析提炼专业领域特征，训练和评测人工智能产品相关算法、功能和性能	根据具体应用场景，提炼专业领域特征，并对算法、功能和性能进行训练和评测
设计人工智能产品的交互流程和应用解决方案	制定智能产品的人机交互流程，开发符合实际需求的应用解决方案
监控、分析、管理人工智能产品应用数据，并持续优化改进关键指标	对人工智能产品的应用数据进行持续监控、分析和管理，优化改进产品的关键指标
分析诊断人工智能产品应用缺陷，结合算法特征优化人工智能业务模型，调整、优化人工智能产品参数和配置，对产品应用效果进行持续改进	通过分析产品缺陷，结合算法特征对业务模型进行优化，调整产品参数和配置，持续改进产品效果

人工智能训练师使用的特有工具设备及其用途见表2-2。

表2-2 人工智能训练师使用的特有工具设备及其用途

特有工具设备	用途
计算机	执行各种数据处理和算法训练任务
特征数据提取与处理系统	提取和处理数据中的特征信息
人工智能产品	实际操作和应用的对象
数据回流训练工具	进行数据回流和二次训练
数据管理平台	管理和存储大量数据
人机交互设计平台	设计人机交互界面和流程
模型训练平台	训练和优化人工智能模型
模型集成平台	集成多种模型以提高性能
数据分析平台	对数据进行深入分析，提取有价值的信息

通过这些工具设备，人工智能训练师能够有效完成各项任务，推动人工智能技术在实际应用中的落地和优化。

二、人工智能训练师的知识技能要求

人工智能训练师需掌握的必备知识技能包括基本的计算机操作知识、常用办公软件使用知识等；核心技能是人工智能训练软件的使用。人工智能训练师的职业功能、工作内容及技能要求见表2-3。

表2-3 人工智能训练师的职业功能、工作内容及技能要求

职业功能	工作内容	技能要求
数据采集与管理	数据采集与处理	能采集、处理业务数据并整理归类与汇总
	数据质量检测	能审核处理后的业务数据并制定审核标准与规范
	数据处理方法优化	能对业务数据采集、处理流程提出优化建议
数据标注	数据清洗与标注	能根据标注规范和要求，对文本、视觉、语音数据进行清洗与标注
	数据分类与管理	能利用统计工具分析数据的内在关联与特征，完成对应管理工作
	标注数据审核	能对标注数据结果审核，输出审核报告并针对其中的错误进行纠正
智能系统运维	智能系统基础操作	能在相关产品手册指导下使用智能系统
	智能系统维护	能维护智能系统日常运行及记录运行情况
	智能系统优化	能分析系统应用数据，根据分析结论对智能产品的功能提出优化需求
业务分析	业务架构与流程设计	能将人工智能技术与业务结合，构建合理的业务框架与流程，提出具有前瞻性的业务发展规划建议
	业务模块效果优化	能设计业务模块的优化方案并推动实现
	业务场景挖掘	能挖掘系统应用业务场景中潜在机会点并提出解决方法
	业务创新	能结合前沿技术发展，推动业务创新，提高业务在行业领域的竞争力
智能训练	算法测试	能设计合理的算法测试方案并实施，编写测试报告，分析错误案例并纠正，协助制定训练平台的整体迭代优化方案
	智能产品训练	能对智能产品训练参数和过程进行调优

续表

职业功能	工作内容	技能要求
智能系统设计	智能系统监控和优化	能对智能产品进行全面分析，指明产品优化方向，提出产品优化方案及具体需求并推动实施
	人机交互流程设计	能设计人机交互的最优方式与流程
	智能产品应用解决方案设计及实现	能在业务领域设计智能产品的解决方案与全链路应用流程，提出产品功能需求并推动实现
	平台化推广	能设计并实施智能平台对外推广活动，取得一定影响力
培训与指导	培训	能制订培训体系与计划，编写讲义并对相关人员开展知识、技术、管理方法培训
	指导	能够独立指导相关人员开展有关学习和业务训练

三、人工智能训练师的一天

为了说明人工智能训练师的职业内容、主要工作任务、工作流程及真实工作场景，并找到人工智能技术应用在业务场景实践中的基本路径与方法，我们来了解一下某科技公司某人工智能训练师在2024年5月某一天的工作内容见表2-4。

表2-4 某人工智能训练师一天的工作内容

时间	工作任务	具体内容
8:00—11:00	数据采集	采集人工智能模型训练所需的数据，从多个数据源收集用户行为数据、业务操作数据等
	数据清洗	根据数据质量要求，对已采集的数据进行清洗，去除噪声数据，填补缺失值并标准化
	数据标注	根据标注规则，对已清洗的数据进行标注，确保数据可以用于模型训练
	数据审核	根据标注质检规则，对已标注的数据进行审核，并输出报告
	统计与管理	统计审核完成的数据，将不合格部分返回修改，确保数据质量
	数据标注规范修订	与工程师讨论并修订数据标注规范，确保团队在数据处理过程中有统一的标准

续表

时间	工作任务	具体内容
11:00—12:00	业务流程设计	设计人工智能技术在业务全景的相关应用流程,确保技术应用顺畅高效
	业务模块效果优化	对流程中的问题设计对应的优化方案,提升智能产品在实际业务中的应用效果
14:00—16:00	模型训练与测试	利用训练数据与测试数据对算法模型进行训练与测试,验证模型效果。
	错误纠正	分析测试结果,编写测试报告,总结错误结果产生的原因并进行纠正
	监控与优化	对运行中的智能产品情况进行数据分析,输出分析报告,提出优化需求与解决方案
16:00—18:00	系统设计	和产品经理分析评估系统待优化的需求,制订系统升级计划,确保系统持续改进
	培训准备	根据对团队能力的要求,编写培训计划,准备培训课件,确保团队成员掌握必要技能
	培训讲座	对团队成员进行业务培训,讲解最新的技术和工作方法
	训练指导	指导团队成员正确开展训练工作,解决他们在工作中遇到的问题,提升整体工作效率和质量

通过详细了解人工智能训练师一天的工作情况,可以看到人工智能训练师在数据采集、数据清洗、数据标注、数据审核、业务流程设计、模型训练与测试、系统设计及团队培训等各个环节中的重要作用。他们不仅需要处理大量数据,还要与工程师、产品经理密切合作,确保人工智能技术在实际业务场景中的成功应用。

学习单元4 深入理解人工智能训练师

一、人工智能训练师定义解读

为了更好地理解人工智能训练师这一职业的定义,需要从系统层次进行全面的分析。以下内容将结合人工智能训练师的职业定义与职责解析、智能训练软件的功能、人工智能训练师的职业特点、系统层次理解等方面，系统地阐述这一职业的本质和重要性。

1. **职业定义与职责解析**

人工智能训练师的定义指出了人工智能训练师日常工作中的主要职责和操作环节，包括：

（1）数据库管理。负责管理和维护用于训练人工智能模型的数据库，确保数据的完整性和质量。

（2）算法参数设置。根据具体的业务需求和应用场景，调整和优化算法的参数，以提高模型的性能。

（3）人机交互设计。设计人工智能产品的人机交互界面和流程，确保用户体验的优化。

（4）性能测试跟踪。对人工智能产品的性能进行测试和跟踪，确保其在实际应用中的稳定性和高效性。

（5）其他辅助作业。包括数据收集、标注、处理等辅助性工作，为人工智能模型的训练提供支持。

2. **智能训练软件的功能**

智能训练软件通过业务数据训练、模型参数调整等方法，帮助人工智能产品达成业务目标。智能训练软件在人工智能训练师的工作中起着核心作用。其主要功能包括：

（1）业务数据训练。利用业务数据对人工智能模型进行训练，使其能够准确地处理和分析业务数据。

（2）模型参数调整。根据训练结果和业务需求，调整和优化模型的参数，提升模型的预测和决策能力。

（3）辅助设计和开发。提供各种工具和平台，帮助人工智能训练师进行数据管理、人机交互设计和性能测试等辅助性工作。

3. **人工智能训练师的职业特点**

人工智能训练师是结合具体行业业务场景与特性使用训练软件发挥出智能产品业务价值的工作人员。人工智能训练师的职业特点主要体现在以下几个方面：

（1）辅助性工作。人工智能训练师在人工智能产品的开发和应用过程中，主要承担辅助性的工作，如数据收集、标注、处理和算法参数设置等。

（2）协助性设计。人工智能训练师需要与技术团队紧密合作，协助进行人机交互设计和性能测试，确保产品的用户体验和功能优化。

（3）行业业务理解。人工智能训练师需要深入了解具体行业的业务场景和特性，将这些业务需求转化为人工智能模型的训练目标，确保模型在实际应用中能够发挥最大价值。

4. 系统层次理解

在系统层次上，人工智能训练师的工作覆盖整个模型训练流程，涵盖数据输入、模型训练、参数调整、性能测试和反馈优化等环节。人工智能训练师需要在各环节发挥专业技能，确保系统高效运转和持续优化。

人工智能训练师负责收集和处理原始数据，确保数据的质量和多样性；利用智能训练软件对模型进行训练，根据业务需求调整训练方法和参数；根据训练结果和实际应用反馈，持续调整和优化模型参数；对模型的性能进行测试和跟踪，发现并解决潜在问题；根据测试结果和用户反馈，持续改进模型和产品的性能和用户体验。

综合来看，人工智能训练师这一职业在智能化时代的背景下，既需要具备深厚的技术知识和数据处理能力，又需要深入理解具体行业的业务场景和需求。通过使用智能训练软件，人工智能训练师在数据库管理、算法参数设置、人机交互设计和性能测试等多个环节中发挥关键作用，为人工智能产品的开发和应用提供全面支持。这一职业的系统层次理解，有助于全面地认识其重要性和价值。

二、人工智能训练师与相关职业

与人工智能训练师相关的职业众多，这些职业共同构成了人工智能领域的广泛生态系统。下面列举一些主要相关的职业。

1. 人工智能工程技术人员

人工智能工程技术人员是指从事与人工智能相关算法的分析、研究、开发，并对人工智能系统进行设计、优化、运维、管理和应用的工程技术人员。该职业就业方向包括人工智能芯片产品实现、人工智能平台产品实现、自然语言及语音处理产品实现、计算机视觉产品实现、人工智能应用产品集成实现等。

2. 呼叫中心服务员

呼叫中心服务员是指从事信息查询、业务咨询和受理、投诉处理、客户回访及话务管理等工作的人员。该职业就业方向主要为客服工作人员。

3. 电子商务师

电子商务师是指在互联网及现代信息技术平台上从事商务活动的人员。该职业就业方向为网商、跨境电子商务等。

4. 云计算工程技术人员

云计算工程技术人员是指从事云计算技术研究，云系统构建、部署、运维，云资源管理、应用和服务的工程技术人员。该职业分为初级、中级和高级三个等级。初级、中级职业主要就业方向为云计算运维、云计算开发，高级就业方向广泛。

5. 虚拟现实工程技术人员

虚拟现实工程技术人员是指使用虚拟现实引擎及相关工具，进行虚拟现实产品的策划、设计、编码、测试、维护和服务的工程技术人员。该职业就业方向包括虚拟现实应用开发、虚拟现实内容设计等。

6. 大数据工程技术人员

大数据工程技术人员是指从事大数据采集、清洗、分析、治理、挖掘等技术研究，并加以利用、管理、维护和服务的工程技术人员。该职业就业方向包括大数据处理、大数据分析、大数据管理等。

在上述职业中，"人工智能训练师"常常容易与"人工智能工程技术人员"混淆，两者的职业区别见表2-5。

表2-5 人工智能训练师与人工智能工程技术人员的职业区别

类别	人工智能训练师	人工智能工程技术人员
主要职责	对开发完成的技术、产品进行应用，实现业务价值最大化	负责人工智能相关技术、产品的研发工作
工作内容	使用智能训练软件进行数据库管理、算法参数设置、人机交互设计、性能测试跟踪及其他辅助作业；收集、标注和加工业务的原始数据；分析、提炼专业领域特征，训练和评测人工智能产品相关算法、功能和性能；设计人工智能产品的交互流程和应用解决方案；监控、分析、管理人工智能产品应用数据并持续优化改进关键指标；分析诊断人工智能产品应用缺陷，结合算法特征优化业务模型	分析、研究和开发与人工智能相关的算法和深度学习技术；设计、优化、运维和应用人工智能系统；开发和优化人工智能模型和算法；进行技术创新和应用研究，提升人工智能系统的性能和效果

续表

类别	人工智能训练师	人工智能工程技术人员
核心任务	收集、标注和加工原始数据，训练和评测算法模型，设计交互流程，优化产品性能	开发和优化人工智能模型和算法，技术创新和应用研究
产业链位置	产品后端的实践场景，注重落地应用	产品前端的技术开发环节，注重算法和系统的研发
关注重点	数据分析、问题诊断、模型调优、效果改进	算法分析、研究与开发，系统设计与优化

由表 2-5 可以清晰地看出人工智能训练师与人工智能工程技术人员在主要职责、工作内容、核心任务、产业链位置和关注重点上的显著区别，这有助于明确两个职业的不同定位和各自的关键作用。

培训课程 2 人工智能训练师数据训练能力

学习单元 1　人工智能数据采集

一、什么是数据采集

数据采集，又称数据获取，是指通过特定装置从系统外部获取数据并输入系统的过程。这一过程包括感知、转换、传输和处理等多个步骤，目的是将外界的物理或环境信息转化为计算机能够处理的数字信号。数据采集和处理的步骤如图 2-1 所示。

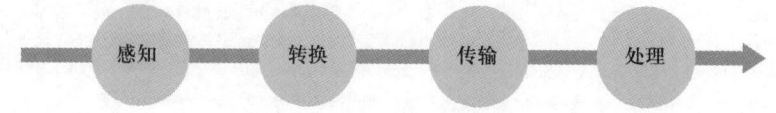

图 2-1　数据采集和处理的步骤

1. 感知

感知是数据采集的第一步，涉及使用各种传感器来检测和记录外部环境中的信息。例如，麦克风可以感知声音，摄像头可以捕捉图像，温度传感器可以检测环境温度，压力传感器可以测量压力变化。这些传感器将物理信号（如光、声、温度、压力等）转换为电信号或其他可被检测的形式。

2. 转换

在感知阶段获得的信号通常是模拟信号，需要通过模数转换器（ADC）将其转换为数字信号，以便计算机系统进行处理。这个转换过程确保了信号的准确性和可处理性，使得系统能够对数据进行精确分析和操作。

3. 传输

转换后的数字信号需要通过传输通道输入计算系统。此传输过程可以通过有线（如 USB、电缆）或无线（如 Wi-Fi、蓝牙）方式完成。传输的稳定性和速度直接影响数据采集的实时性和可靠性。

4. 处理

数据进入计算机系统后，即可进行处理和分析。处理过程可能涵盖数据的存储、过滤、分析和展示。处理后的数据可以用于各种场景，例如实时监控、预测分析、自动控制和决策支持等。

二、数据采集的意义

在人工智能模型中，数据采集不仅为模型构建和训练提供了基础，还在模型验证、实时更新、提高公平性和透明性以及推动创新和优化等方面发挥着重要作用。数据的有效采集和利用是确保人工智能模型成功和高效应用的关键。在人工智能模型中，数据采集的意义可以从多个角度来阐述，每个角度都反映了数据采集在模型构建和应用中的重要性。以下是从不同角度对数据采集意义的详细说明。

1. 模型构建与训练

数据采集是构建和训练人工智能模型的基础。AI 模型的性能依赖于训练的数据集，以下几个方面尤为重要：

（1）数据量。大量的训练数据可以帮助模型学习更多的特征和模式，从而提高其泛化能力和准确性。如在图像识别中，丰富的图像数据可以提高模型对视觉特征的识别能力。

（2）数据质量。高质量的数据能够减少模型训练中的噪声和错误，从而提高模型的预测精度。如标注准确的数据可以有效减小训练中的误差，使模型更可靠。

2. 模型验证与测试

数据采集对模型验证和测试至关重要。通过采集测试数据，可以评估模型的实际表现和有效性，确保其在真实应用中的可靠性。

（1）性能评估。使用采集的测试数据集可以评估模型的各项性能指标，如准确率、精确度、召回率和 $F1$-score 等，从而判断模型是否达到了预期的效果。

（2）模型调整。通过测试数据的反馈，可以对模型进行调整和优化，以改善其在特定场景下的表现。如发现模型在某些数据类别上表现不佳时，可以通过改进数据采集策略进行针对性优化。

3. 实时更新与适应

数据采集有助于模型的实时更新和适应变化。在动态环境中，持续的数据采集可以确保模型能够及时响应新的数据趋势和模式。

（1）数据更新。定期采集新数据可以更新模型，使其适应数据的变化和新趋势。如在金融市场预测中，持续更新的数据可以帮助模型适应市场波动。

（2）自适应学习。通过实时数据流的采集，模型可以进行在线学习和自适应调整，提高对新数据的响应能力和准确性。

4. 提高模型的公平性与透明性

数据采集对确保模型公平性和透明性具有重要意义。合理的数据采集可以减少模型中的偏见，并提高其决策的可解释性。

（1）公平性检测。通过采集多样化的数据，可以检查和修正模型中潜在的偏见，确保模型对不同群体的公平性。例如，确保训练数据中涵盖不同性别、种族和年龄段，以减少模型的偏见。

（2）透明性分析。记录数据采集过程和来源有助于提高模型的透明度和可解释性，使得模型决策的过程和结果更易于理解。

5. 支持创新与优化

数据采集支持 AI 模型的创新和优化。深入分析和利用数据，可以推动新技术的发展和现有模型的优化。

（1）技术创新。采集和分析新类型的数据可以推动 AI 技术的创新。例如，通过大规模的社交媒体数据开发新的自然语言处理技术。

（2）模型优化。采集的数据可以用于优化现有模型，提高其性能和效率。例如，通过用户反馈数据优化推荐系统，提升个性化推荐的准确性。

三、数据采集的方法

在人工智能模型训练中，数据采集是至关重要的一步。为确保模型的准确性和有效性，通常采用以下四种常见的数据采集方式：直接购买、网络采集、第三方合作和自行采集。每种方法都有其独特的优势和应用场景，选择合适的方法可以显著提高数据的质量和模型表现。数据采集方式对比见表 2-6。

表2-6 数据采集方式对比

采集方式	描述	示例	优点	缺点
直接购买	从第三方机构直接购买以获取相关信息,这种方法适用于需要获取经过验证的专业数据	市场研究数据:从市场研究公司购买的消费者行为数据 行业报告:从咨询公司获取的行业趋势报告数据 统计数据:从政府统计部门获取的经济指标数据	数据质量通常较高,经过验证和整理;可以快速获得专业的数据,减少数据收集的时间	可能需要支付高额费用;数据可能不完全符合特定需求,需要进一步处理
网络采集	通过网络爬虫或其他技术手段从互联网上获取数据,适用于需要大规模、动态更新的数据	网页爬虫:自动从新闻网站、论坛或社交媒体抓取数据 API(应用程序编程接口)调用:从社交媒体平台获取实时数据 在线调查:通过工具收集用户反馈数据	能够迅速获取大量最新数据;数据来源广泛,适用于多种应用场景	数据清洗和去重可能复杂;数据质量和一致性可能不稳定
第三方合作	与其他组织或机构合作,共享或交换数据。这种方法适用于需要多方数据合作的场景	跨机构数据共享:医疗机构间共享健康记录数据 合作研究:高校与企业共享科研数据 数据交换协议:不同部门间的数据交换协议	可获得丰富的资源和数据来源;数据来源可靠,质量较高	可能涉及隐私和数据安全问题;需要复杂的协议和管理工作
自行采集	自行设计和实施数据采集方案,直接从源头获取数据,适用于特定需求的个性化数据采集	现场调查:设计并执行问卷调查以获取市场数据 传感器数据:在生产线安装传感器监测数据 实验数据:在实验室进行实验并收集数据	数据完全符合特定需求;灵活调整采集方案以适应不同需求	可能需要较高的成本和时间;需要专门的技术和人员进行数据采集

学习单元2　人工智能数据预处理

一、什么是数据预处理

数据预处理是一种关键的数据挖掘技术，其主要目的是将原始数据转化为更易于理解和分析的数据格式，以满足数据挖掘的要求。在现实中，获取的数据往往存在诸多问题，包括不完整性和不一致性等。例如，数据集中可能存在缺失值、错误输入、重复记录和格式不一致等问题，这些"脏数据"通常不能直接用于数据挖掘，否则挖掘结果可能会出现严重的偏差，影响分析的准确性和可靠性。

为了解决上述数据问题，数据预处理技术应运而生。通过数据清洗、数据集成、数据转换和数据归约等步骤，数据预处理能够有效地清理、整合和转化数据，提高数据的质量和适用性。数据预处理不仅提升了数据挖掘的质量，还为后续的分析和建模提供了可靠的数据基础。通过有效的数据预处理，可以确保数据的准确性、一致性和完整性，从而支持更精确和有效的数据挖掘过程。

二、数据预处理的意义

数据预处理的意义可以从数据质量管理和分析效率提升两个方面进行解释。通过数据预处理，既可以显著提高数据的质量，确保其准确性和一致性，又能优化数据处理流程，从而使数据挖掘和建模变得更加高效和精确。

1. 数据质量管理

数据预处理的首要意义在于确保数据的质量。原始数据通常存在缺失值、错误数据、重复记录和格式不一致等问题，这会严重影响数据的准确性和可靠性。通过数据预处理，可以解决以下问题：

（1）修正数据错误。清洗过程中会识别并纠正数据中的输入错误，如拼写错误。

（2）填补缺失值。对数据中的缺失值进行处理，如使用均值、中位数、插值或其他方法填补缺失数据，以保持数据集的完整性。

（3）去除重复记录。通过去除重复数据，确保数据的唯一性，避免数据冗余。

(4)解决数据的不一致性。通过格式统一和数据集成，解决不同数据源之间的格式和内容差异，确保数据的一致性。

2. 分析效率提升

数据预处理的另一个重要意义在于提升数据分析的效率和效果。高质量的数据预处理可以大幅提升分析过程的效率，并提高模型的性能。具体体现在以下3个方面：

(1)优化数据格式。通过数据转换和标准化，将数据转化为适合分析的格式，使得数据在相同的尺度上，更易于处理和比较。

(2)降低计算复杂度。通过特征选择和数据抽样减少数据的规模和复杂性，从而降低计算资源的消耗，加速模型训练过程。

(3)提升模型性能。经过预处理的数据通常更符合模型的要求，减少了干扰因素，使得模型能更准确地捕捉数据中的模式和关系，从而提升预测精度和分析结果的可靠性。

三、数据预处理的方法

数据预处理涉及多种关键方法，包括数据清洗、数据集成、数据归约和数据变换，如图2-2所示。数据清洗旨在识别和处理数据中的错误、缺失值和异常值，以提高数据质量；数据集成关注将来自不同来源的数据合并为统一的数据集，解决数据不一致性问题；数据归约则旨在减少数据的规模和复杂性；数据变换主要是将数据转化为适合分析和建模的格式。通过数据预处理可确保数据的准确性、一致性和适用性，从而为后续分析和建模奠定坚实基础。

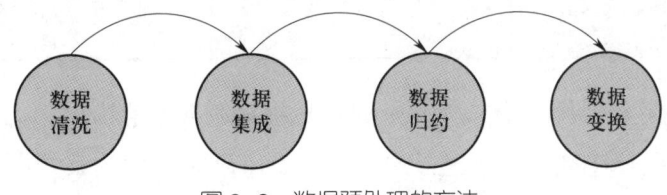

图2-2 数据预处理的方法

1. 数据清洗（data cleaning）

数据清洗是指识别并纠正数据文件中存在的错误和异常，确保数据的准确性和一致性。这一过程包括检查数据的一致性、处理无效值和填补缺失值等多个步骤。通过数据清洗，可以提高数据质量，从而为后续的数据分析和挖掘提供可靠的基础，如图2-3所示。

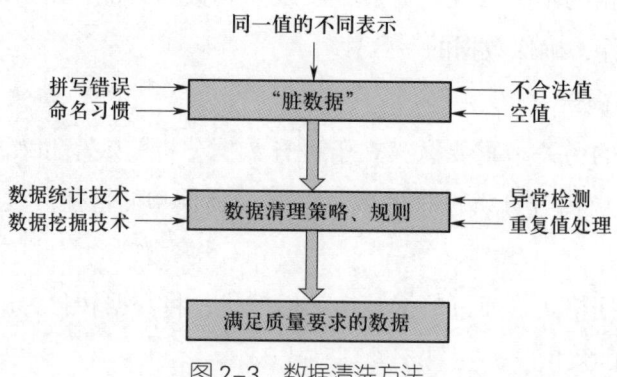

图2-3 数据清洗方法

在进行数据清洗时，主要有四种数据清洗方式，分别是数据异常处理、缺失数据处理、重复数据处理和噪声数据处理。

（1）数据异常处理。数据异常可以分为三类：语法类异常、语义类异常、覆盖类异常。

1）语法类异常处理。语法类异常处理是指对数据的值和格式错误的数据处理方式，可以进一步分为词法错误、值域格式错误和不规则的取值，见表2-7。

表2-7 语法类异常处理方式

类型	描述	示例
词法错误（lexical error）	数据结构与指定结构不一致	人员表中缺少某些属性，如缺失年龄信息
值域格式错误（domain format error）	属性值不符合预期格式	姓名应为"John Smith"，但出现了"John·Smith"
不规则的取值（irregularity）	取值、单位和简称使用不统一	员工工资字段中有的用"元"，有的用"万元"

2）语义类异常处理。语义类异常处理是指对数据不能全面、无重复地表示客观世界的情况所采取的数据处理方式，可分为违反完整性约束规则、数据中出现矛盾，数据中存在重复值和无效的元组，见表2-8。

3）覆盖类异常处理。覆盖类异常处理是指对数据缺失问题的数据处理方式，可分为值的缺失和元组的缺失，见表2-9。

（2）缺失数据处理。处理缺失数据主要有两种方法（见表2-10）：一是删除含有缺失值的记录，二是插补缺失值。其中插补缺失值方法可以分为均值插补、同类均值插补和极大似然估计三种方法，见表2-11。

表 2-8 语义类异常处理方式

类型	描述	示例
违反完整性约束规则（integrity constraint violation）	数据不符合完整性约束规则	员工工资字段必须大于0，但某个员工的工资为负
数据中出现矛盾（contradiction）	违反各属性值之间或不同记录间的取值依赖关系	账单表中的实付金额不等于商品总金额减去折扣金额
数据中存在重复值（duplicate）	多个记录表示同一个实体	员工表中有两个记录对应同一个员工
无效的元组（invalid tuple）	记录没有对应的实际实体	员工表中有个叫"王中华"的员工，但实际上没有此员工

表 2-9 覆盖类异常处理方式

类型	描述	示例
值的缺失（missing value）	数据采集中某些属性值缺失	数据集中没有记录某些员工的年龄信息
元组的缺失（missing tuple）	数据库中没有表示某些实体的记录	数据集中缺少某些员工的全部记录

表 2-10 缺失数据处理方法

方法	描述	示例
删除含有缺失值的记录	直接删除缺失值记录，适用于缺失值比例较小的情况	删除没有记录年龄信息的员工记录
插补缺失值	使用估计值填补缺失数据，减少信息丢失	使用平均值填补缺失的年龄信息

表 2-11 插补缺失值的三种方法

方法	描述	示例
均值插补	用数据集的均值填补缺失值	用员工平均年龄填补缺失的年龄
同类均值插补	用同类数据的均值填补缺失值	用相同部门员工的平均年龄填补缺失的年龄
极大似然估计	基于概率模型估计缺失值	用统计模型估计缺失的薪资

（3）重复数据处理。重复数据处理是指删除所有字段都相同的重复记录，或根据业务需求选择性地进行去重。重复数据处理分为全字段去重和选择性去重（见表2-12）。

表2-12　重复数据处理方法

方法	描述	示例
全字段去重	删除所有字段都相同的重复记录	删除员工表中完全重复的记录
选择性去重	根据业务需求选择部分字段进行去重	仅根据姓名和部门进行去重

（4）噪声数据处理。噪声是数据中的随机误差或方差，可以使用分箱、回归和离群点分析三种方法来处理噪声（见表2-13）。

表2-13　噪声数据处理方法

方法	描述	示例
分箱	根据近邻值平滑数据	将相似的工资值分箱处理
回归	用函数拟合数据以平滑数据	使用线性回归预测工资
离群点分析	使用聚类方法检测并处理离群点	识别并处理异常高的工资值

采用以上四种不同的数据清洗方法来整理数据，在选择数据清洗工具时，需要根据数据的规模来决定。对于小规模数据，可以使用Excel进行处理；而对于大规模数据，则推荐使用R语言或Python编程。常用的数据清洗工具见表2-14。

表2-14　常用的数据清洗工具

工具名称	描述
Excel	适用于小规模数据清洗，操作简单，功能较基础
Kettle	数据集成和"提取、转换、加载"工具，可进行复杂的数据清洗和转换
OpenRefine	强大的数据清洗工具，具有灵活的数据处理功能，可进行数据的聚类、拆分、合并等操作

续表

工具名称	描述
Data Wrangler	数据转换和清洗工具，提供直观的用户界面，方便用户进行数据整理和清洗
Hawk	数据清洗和转换工具，具有高效的数据处理能力，可进行大规模数据清洗和转换

特别地，当选用 Excel 进行数据清洗时，可以利用多种内置函数来实现。常用的 Excel 数据清洗函数见表 2-15。

表 2-15　常用的 Excel 数据清洗函数

函数名	描述	示例
LEFT	提取文本左侧字符	提取员工编号中的前几位数字
RIGHT	提取文本右侧字符	提取手机号后四位
MID+FIND	根据关键词提取文本	提取产品描述中的特定信息
TRIM	去除文本两端的空格	去除员工姓名中的多余空格
CONCATENATE	合并多个文本	合并员工姓和名
REPLACE	替换文本中的特定字符	替换错误的字符
SUBSTITUTE	替换文本中的子字符串	替换文本中的特定单词
LEN/LENB	计算文本长度	计算员工编号的字符数

2. 数据集成（data integration）

数据集成是将来源、格式和特性各异的数据在逻辑上或物理上有机地集中，以提供全面的数据共享。常见的模式包括联邦数据库模式、数据仓库模式和中介者模式。

（1）联邦数据库模式。联邦数据库模式是一种数据集成方法，其目的在于将多个独立的数据库系统连接在一起，形成一个统一的、逻辑上的数据库系统。这种模式允许用户通过一个单一的界面访问和操作来自不同数据库的数据，而无须关心数据的具体存储位置或底层数据库的技术细节。联邦数据库模式的特点和优劣势见表 2-16。

表 2-16 联邦数据库模式的特点和优劣势

特点和优劣势		描述
特点	分布式存储	数据分散在多个独立的数据库中,这些数据库可以位于不同的物理位置
	自治性	每个参与的数据库系统保持其自主权,可以独立管理和操作数据
	统一访问	用户通过一个统一的界面查询和操作数据,系统会自动将请求分发到相关的数据库中进行处理
	透明性	用户感知到的是一个整体的数据库系统,具体数据存储和管理的细节被屏蔽
优势	灵活性	可以集成来自不同系统和平台的数据,无须将所有数据集中到一个物理数据库中
	可扩展性	可以随着需求的变化添加新的数据库系统,而不影响现有系统的运行
	低成本	避免了数据迁移和集中存储的高成本
劣势	复杂性	系统设计和管理复杂,要求对多个数据库系统进行协调
	性能问题	跨多个数据库的查询可能会导致性能下降,需要优化查询策略
	一致性问题	在多个数据库系统之间保持数据的一致性和完整性可能会成为挑战

联邦数据库模式如图 2-4 所示。

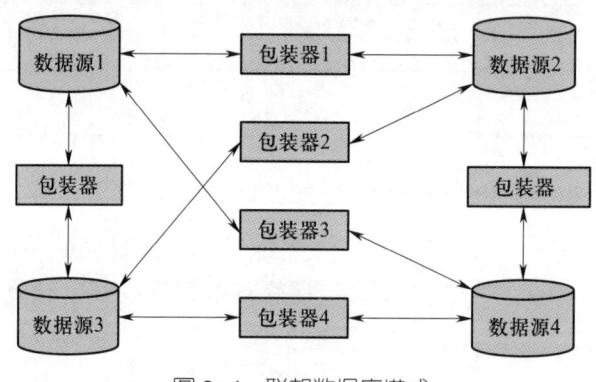

图 2-4 联邦数据库模式

(2)数据仓库模式。数据仓库模式是一种数据集成模式,通过从多个数据来源抽取、转换和加载数据,将其存储在一个集中的数据仓库中。数据仓库提供了一个统一的、面向主题的、集成的、时间相对稳定的数据视图,用于支持决策支持系统和商业智能应用。数据仓库模式的特点和优劣势见表 2-17。

表 2-17 数据仓库模式的特点和优劣势

特点和优劣势		描述
特点	集中存储	数据集中存储在一个统一的仓库中,便于统一管理和访问
	数据集成	将来自不同来源的数据进行清洗、转换和集成,提供一致的数据视图
	面向主题	数据按主题组织,以支持决策分析和业务需求
	时间稳定性	数据仓库中的数据具有历史性,反映一段时间内的数据变化
优势	高效查询	提供优化后的查询性能,适用于复杂的分析查询
	数据质量	通过数据清洗和转换,提高数据的一致性和准确性
	决策支持	提供支持决策分析和业务智能的综合数据视图
劣势	成本高	构建和维护数据仓库需要大量的资源和成本
	复杂性	数据抽取、转换和加载过程复杂,要求对数据源进行深入理解和处理
	数据延迟	数据仓库中的数据可能存在一定的延迟,无法实时反映最新数据

数据仓库模式如图 2-5 所示。

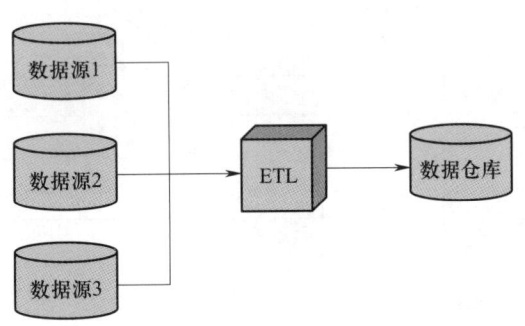

图 2-5 数据仓库模式

(3)中介者模式。中介者模式是一种数据集成方法,它通过中介者组件将用户查询分发到不同的数据源,收集结果并整合成统一的查询结果。中介者模式不需要将数据集中存储,而是实时访问和集成数据。中介者模式的特点和优缺点见表 2-18。

表 2-18 中介者模式的特点和优劣势

特点和优劣势		描述
特点	实时访问	数据无须集中存储,中介者实时访问和集成数据
	动态查询	用户查询可以动态分发到不同的数据源,实时收集并整合结果
	松耦合	数据源和中介者之间的耦合度较低,便于数据源的灵活变更和扩展
优势	低成本	无须集中存储数据,减少了数据存储和维护的成本
	灵活性	可以动态集成和访问不同的数据源,适应多变的业务需求
	实时性	可以实时获取和集成最新的数据
劣势	性能问题	实时访问和整合多个数据源可能导致查询性能下降
	复杂性	需要处理跨多个数据源的查询和结果整合,系统设计和管理复杂
	数据一致性问题	确保多个数据源之间的一致性和完整性可能会成为挑战

中介者模式如图 2-6 所示。

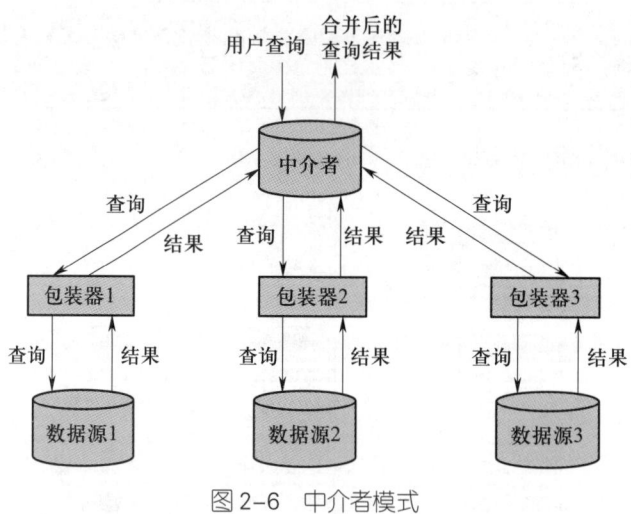

图 2-6 中介者模式

3. 数据归约(data reduction)

数据归约是指在尽可能保持数据原貌的前提下,最大限度地精简数据的数量。对于小型或中型数据集,前面的数据预处理步骤通常足够,但对于真正的大型数据集,在应用数据挖掘技术之前,可能需要一个中间的、额外的步骤,即数据归约。数据归约的主要方法包括特征归约、样本归约和特征值归约。

（1）特征归约。特征归约是通过删除不重要或不相关的特征，或者通过对特征进行重组来减少特征的个数。其原则是在保留或提高原有判别能力的同时，减少特征向量的维度。特征归约的步骤以及描述见表2-19。

表2-19 特征归约的步骤及描述

步骤	描述
搜索过程	在特征空间中搜索特征子集，每个子集称为一个状态，由选中的特征构成
评估过程	输入一个状态，通过评估函数或预设的阈值，输出一个评估值
分类过程	使用最终的特征集完成最后的算法

特征归约的效果见表2-20。

表2-20 特征归约的效果

效果	描述
更少的数据	提高数据挖掘效率
更高的数据挖掘处理精度	提高结果的准确性和可靠性
简单的数据挖掘处理结果	简化数据挖掘过程，减少复杂性
更少的特征	减少特征数量，降低维度，提高处理速度

（2）样本归约。样本归约是从数据集中选出一个有代表性的样本子集。确定子集的大小要考虑计算成本、存储要求、估计量的精度及其他因素。样本归约的优点包括减少成本、提高速度和范围，甚至有时能获得更高的精度。

样本归约的优点见表2-21。

表2-21 样本归约的优点

优点	描述
减少成本	降低数据处理和存储的成本
速度更快	加快数据处理和分析的速度
范围更广	扩大数据分析的适用范围，从而适应多变的业务需求
可能更高的精度	有时能够获得比处理整个数据集更高的精度

（3）特征值归约。特征值归约是将连续的特征值离散化，使之成为少量的区间，每个区间映射到一个离散符号。特征值归约可以是有参数的，也可以是无参数的。特征值归约的类别和类型见表2-22。

表2-22 特征值归约的类别和类型

类别	类型	描述
有参方法	回归	包括线性回归和多元回归
	对数线性模型	类似于离散多维概率分布
无参方法	直方图	采用分箱近似数据分布，其中V-最优和MaxDiff直方图是最精确和最实用的
	聚类	将数据元组视为对象，将对象划分为群或聚类，在数据归约时用数据的聚类代替实际数据
	选样	用数据的较小随机样本表示较大的数据集，如简单选择n个样本（类似样本归约）、聚类选样和分层选样等

4. 数据变换（data transfer）

数据变换是将数据从一种表示形式转换为适用于数据挖掘的另一种形式的过程。数据变换的目标是提高数据质量和适用性，从而提高数据挖掘的效果。数据变换的步骤和方法技术见表2-23。

表2-23 数据变换的步骤和方法技术

步骤	描述	方法技术
数据平滑	去除数据中的噪声，将连续数据离散化	分箱、聚类、回归
数据聚集	对数据进行汇总或聚集，通常用于多粒度数据分析构造数据立方体	汇总、聚集、数据立方体构建
数据泛化	将数据由较低的概念抽象为较高的概念，降低数据复杂度	概念层次抽象
数据规范化	使属性数据按比例缩放，将原来的数值映射到一个新的特定区域中	最小-最大规范化、Z-score规范化、按小数定标规范化
属性构造	构造新的属性并添加到属性集中，通过属性与属性的连接构造新的属性	特征工程

（1）数据平滑。数据平滑是指去除数据中的噪声，将连续数据离散化。常用的方法有分箱、聚类和回归。数据平滑的方法见表2-24。

表 2-24 数据平滑的方法

方法	描述
分箱	将数据划分为若干小区间，每个区间内的数据用相同的值代替，减少数据的波动
聚类	将相似的数据点聚焦在一起，用一个聚类中心点表示整个聚类的数据
回归	使用回归分析方法，将数据拟合到一个回归模型中，以平滑数据

（2）数据聚集。数据聚集是对数据进行汇总或聚集，通常用于多粒度数据分析构造数据立方体。数据聚集的方法见表 2-25。

表 2-25 数据聚集的方法

方法	描述
汇总	将数据按照一定的标准进行汇总，如按月、按季度、按年进行汇总
聚集	将数据聚集到一个较高层次，如将每日销售数据聚集到每周或每月的销售数据
数据立方体构建	构建数据立方体，为多维数据分析提供基础，如在线分析处理（OLAP）

（3）数据泛化。数据泛化是将数据由较低的概念抽象为较高的概念，从而降低数据复杂度，即用较高的概念替代较低的概念。例如，使用概念层次将具体的数据泛化为较高层次的概念，如将具体的商品名称泛化为商品类别。

（4）数据规范化。数据规范化是使属性数据按比例缩放，将原来的数值映射到一个新的特定区域中。常用的方法有最小 - 最大规范化、Z-score 规范化和按小数定标规范化。数据规范化的方法见表 2-26。

表 2-26 数据规范化的方法

方法	描述
最小 - 最大规范化	将数据缩放到一个指定的最小值和最大值之间
Z-score 规范化	将数据规范化到一个均值为 0、标准差为 1 的分布
按小数定标规范化	通过移动小数点的位置来规范化数据，将数据缩放到一个特定的范围内

（5）属性构造。属性构造是构造新的属性并添加到属性集中，通过属性与属性的连接构造新的属性。这实际上是一种特征工程的过程，通过属性与属性的组合或变换，构造新的属性，提高模型的性能和表达能力。

学习单元3　人工智能数据标注

一、什么是数据标注

数据标注是指将收集到的原始数据或初级数据（包括语音、图片、文本、视频等）进行加工和处理的过程。通过这一过程，可将这些数据转化为机器能够理解和识别的形式。数据标注是人工智能领域的一个核心环节，它直接影响到许多人工智能算法的有效性和应用效果。

在数据标注过程中，首先要对数据进行清理和预处理，然后进行详细的标记和注释。例如，在图像数据标注中，可能需要给每个对象添加标签，或划定其在图像中的位置；而在文本数据标注中，则可能需要对文本进行分类、情感分析等操作。这些标注信息为机器学习模型提供了训练所需的基础数据，使得模型能够学习如何识别和处理类似数据。

数据标注的质量和范围对人工智能算法的性能有直接的影响。通常，标注越准确、标注数据量越大，算法在训练过程中的效果越好，最终的准确度越高。精确的标注有助于减小算法训练中的误差，提高模型的泛化能力和预测准确性。因此，数据标注不仅是人工智能模型训练的基础，也是确保模型在实际应用中表现出色的关键要素。

二、数据标注的意义

数据标注在人工智能模型训练中不仅是数据准备的关键步骤，而且是提升模型性能、确保数据质量、扩展应用范围、支持数据增强以及推动科学研究和创新的基础。其系统性意义体现在多个方面，通过高质量的标注数据，AI模型能够更有效地学习和应对现实世界中的复杂挑战。以下从多个维度分析数据标注的意义。

1. 提升模型性能

（1）提高准确性。数据标注通过为数据集中每个样本分配准确的标签，使得模型能够学习到每种数据的正确类别或特征。这一过程确保模型在处理新数据时能够做出准确的预测。

例如，在图像分类任务中，通过精确标注物体类别，可使模型更好地识别图像中的物体，并在新图像中进行准确分类。

（2）增强细致度。通过细致的标注，模型能够识别更复杂的特征。例如，在目标检测任务中，标注物体的边界框不仅帮助模型识别物体的存在，还帮助确定物体的位置和大小。再如，在自动驾驶系统中，通过精确标注交通标志和道路状况，模型能够更准确地识别和响应驾驶环境。

2. 促进模型训练

（1）监督学习。

1）训练基础。数据标注为监督学习提供真实的输出结果，模型通过对比预测结果与实际标签来优化其内部参数，从而提高性能。

2）训练过程。在每次迭代中，模型利用标注数据进行学习，逐渐调整预测与实际标签之间的差异，从而提升预测准确性。

（2）模型评估。

1）评估标准。标注数据是评估模型性能的基础，通过与真实标签的对比，可以有效测量模型的准确性和鲁棒性。

2）评估方法。常用的评估指标包括准确率、召回率、$F1$-score 等，这些指标能够量化模型在不同任务中的表现。

3. 确保数据质量

（1）保持一致性。

1）标注流程。通过系统化的标注流程，可以保证数据集中标签的一致性，减少因标注错误带来的负面影响。

2）标注工具。使用标准化的标注工具和规范可以有效提升标注数据的质量，减少人为错误。

（2）实现标准化。标准化的标注方法确保数据集中各个标签的定义明确，避免标签混淆和歧义。通过统一的标注规范，可以确保数据在不同来源和时间点的一致性，从而提高模型的通用性和稳定性。

4. 扩展应用范围

（1）支持多任务学习。数据标注可以支持模型在多个任务中进行学习，例如，在图像分类和目标检测任务中，通过标注不同任务的数据，模型能够处理更加复杂的应用场景。再如，在医学影像分析中，通过标注不同的疾病类型，模型可以同时进行病灶检测和分类任务。

（2）促进迁移学习。标注的数据集可以作为预训练模型的基础，帮助模型在迁移学习中更好地适应新任务或新领域，减少对新数据的需求。

5. 支持数据增强

（1）模拟现实场景。标注数据可以模拟现实世界中的不同场景和条件，帮助模型在训练时更好地应对实际应用中的各种挑战。例如，在机器人视觉系统中，通过标注不同环境下的图像数据，模型可以学习到如何在各种条件下执行任务。

（2）生成对抗样本。

1）对抗攻击。标注的数据可以用于生成对抗样本，帮助模型提高对抗攻击的鲁棒性和防御能力。

2）防御机制。通过对抗训练，模型可以更好地识别和抵御对抗攻击，从而提高系统的安全性。

6. 推动科学研究和创新

（1）提供基础数据集。

1）研究基础。标注的数据集是进行 AI 研究和开发的基础资源，支持各种科学研究和技术创新。

2）数据共享。开源和共享标注数据集可以促进学术界和工业界的合作，推动技术进步。

（2）加速技术进步。

1）开源影响。许多标注数据集被公开共享，这不仅促进了技术的快速发展，还推动了跨学科的合作与应用。

2）研究突破。标注数据集的不断更新和扩展有助于发现新的研究问题和解决方案，从而加速科学技术的进步。

三、数据集

数据集又称为资料集、数据集合或数据产品，是一组经过规范化整理和工程化标注的具有统一格式的数据集合。按照数据类型和应用领域的不同，人工智能数据集主要分为以下四大类别：文本数据集、语音数据集、图像数据集和视频数据集。

1. 文本数据集

文本数据是指不能参与算术运算的字符集合，也称为字符型数据。文本数据集主要应用于自然语言理解、机器翻译、语音识别、智能交通等领域。可收集的文本数据种类包括命令词、常见人名、地名、歌曲名称、影视名称、餐饮词汇、电子邮件等。此外，文本数据集还用于文本分类、语言识别、机器翻译和文本校对等任务。按照不同的方式，文本数据集可分为不同的类型。

（1）按照应用领域分类。

1）自然语言理解。用于理解和处理人类语言，如对话系统、语义分析。

2）机器翻译。用于将一种语言翻译成另一种语言。

3）文本分类。用于将文本分为不同的类别，如垃圾邮件分类、情感分析。

4）信息检索。用于从大量文本中检索相关信息，如搜索引擎、问答系统。

5）文本生成。用于生成自然语言文本，如文本摘要、自动写作。

（2）按照数据类型分类。

1）新闻文章。包含新闻报道、社论等。

2）社交媒体。包含微博、推特、脸书等平台上的帖子和评论。

3）技术文档。包含技术手册、应用程序接口（API）文档、学术论文等。

4）法律文档。包含法律条文、判决书、合同等。

5）对话数据。包含人机对话、聊天记录等。

（3）按照语言分类。

1）单语言数据集。只包含一种语言的数据，如纯英语文本数据集。

2）多语言数据集。包含多种语言的数据，如英汉双语对照数据集。

（4）按照文本长度分类。

1）短文本。短小的文本，如微博、短信。

2）长文本。较长的文本，如新闻文章、技术文档、小说。

（5）按照结构化程度分类。

1）结构化文本。有明确结构和格式的文本，如表格数据、XML 文档。

2）非结构化文本。无固定结构的自由文本，如普通文章、博客。

（6）按照数据来源分类。

1）爬取数据。从互联网或特定网站爬取的数据，如新闻网站、论坛。

2）公开数据集。公开发布的标准数据集，如维基百科（Wikipedia）、互联网电影数据库（IMDb）。

3）私有数据。企业或组织内部数据，如客户评论、企业文档。

（7）按照标注类型分类。

1）情感标注。标注文本的情感极性，如正面、负面、中性。

2）实体标注。标注文本中的实体，如人名、地名、组织名等。

3）句法标注。标注文本的句法结构，如依存关系、句法树等。

4）话题标注。标注文本所属的话题或主题，如体育、政治、娱乐等。

2. 语音数据集

语音数据集在人工智能中主要用于处理人与人、人与计算机之间的语音交互。根据不同的应用需求和分析维度，语音数据集可以分类如下。

（1）按照语种分类。

1）主流语言。如汉语、英语、西班牙语、法语、德语等。

2）少数民族语言。如藏语、维吾尔语等。

3）特殊用途语言。如手语转录语音等。

（2）按照方言分类。

1）汉语方言。如北京话、上海话、粤语、闽南话等。

2）英语方言。如美式英语、英式英语、澳大利亚英语等。

3）其他语言方言。如西班牙语的拉丁美洲方言和欧洲西班牙语。

（3）按照语音属性分类。

1）朗读语音。清晰、标准的朗读文本。

2）引导语音。用于导航和指令的语音。

3）自然对话。日常对话或交谈。

4）情感语音。表达特定情感的语音，如愤怒、喜悦、悲伤。

（4）按照数据来源分类。

1）录音室录制。在专业环境中录制的高质量语音。

2）手机录制。通过手机录制的语音。

3）网络采集。从互联网采集的语音数据，如播客、视频音轨。

（5）按照说话者数量分类。

1）单人语音。单个说话者的语音数据。

2）多人对话。多个说话者之间的对话或讨论。

3）群体语音。大规模群体的语音数据，如会议记录、辩论。

（6）按照话者身份分类。

1）普通话者。一般公众或消费者。

2）专业话者。如播音员、配音演员、教师。

3）特定群体。如儿童、老人、某领域专家。

（7）按照噪声环境分类。

1）安静环境。在安静的环境中录制的语音。

2）嘈杂环境。在有背景噪声的环境中录制的语音，如街道、咖啡馆等。

3）特定背景音。带有特定背景音的语音，如车内、地铁站等。

（8）按照用途分类。

1）语音识别。用于训练和测试语音识别模型的语音数据。

2）语音合成。用于训练语音合成模型的数据，如文本转换语音（Text-to-Speech，TTS）。

3）语音翻译。用于训练语音翻译系统的数据。

4）语音情感识别。用于识别和分析语音情感的数据。

3. 图像数据集

图像数据集由数字化图像构成，计算机通过像素位置和颜色的数字序列来处理图像中的内容信息。根据不同的应用需求和分析维度，图像数据集可以进行如下分类。

（1）按照应用场景分类。

1）人脸识别。用于身份验证和解锁设备等。

2）车辆识别。用于自动驾驶和交通监控等。

3）动物识别。用于野生动物监测和宠物识别等。

4）医疗影像。主要用于医学诊断和分析。

（2）按照局部或整体特征分类。

1）局部特征。如车牌、面部特征等。

2）整体特征。如车辆类型、人体姿态等。

（3）按照待识别对象的数量分类。

1）单个对象。如单个人脸或单辆车。

2）多个对象。如人群或车流。

（4）按照拍摄角度分类。

1）正面拍摄。主体的正面被拍摄。

2）侧面拍摄。主体的侧面被拍摄。

3）俯视拍摄。从上往下拍摄。

4）仰视拍摄。从下往上拍摄。

5）背面拍摄。主体的背面被拍摄。

（5）按照分辨率分类。

1）低分辨率。分辨率较低的图像，如（640×480）像素。

2）中分辨率。分辨率中等的图像，如（1 280×720）像素。

3）高分辨率。分辨率较高的图像，如（1 920×1 080）像素或更高。

4. 视频数据集

视频数据集是一种复合多媒体数据，其中包含图像、语音、音乐、音效和文字等多种媒体信息。视频数据集具有信息内容丰富、数据量庞大、兼具时空二重性和解释多样性等特点。根据不同的应用需求和分析维度，视频数据集可以进行如下分类。

（1）按照应用场景分类。

1）监控视频。用于公共安全、家庭安防等。

2）交通视频。用于交通监控、车流量分析等。

3）体育视频。用于比赛回放、运动分析等。

4）娱乐视频。用于电影、电视剧、综艺节目等。

（2）按照视频内容分类。

1）动作视频。记录人体或物体的动作，如体操、舞蹈等。

2）对话视频。记录人物对话场景，如访谈节目、电影对白等。

3）事件视频。记录特定事件发生的过程，如事故、庆典活动等。

（3）按照视频分辨率分类。

1）高清（HD）视频。分辨率一般为（1 280×720）或（1 920×1 080）像素。

2）超高清（UHD）视频。分辨率一般为（3 840×2 160）像素或更高。

3）标清（SD）视频。分辨率低于高清标准，如（640×480）像素。

（4）按照时间长度分类。

1）实时视频。实时流媒体，如直播视频。

2）短视频。时间长度一般为几秒到几分钟。

3）长视频。时间长度一般为几十分钟到几小时，如电影、纪录片等。

（5）按照拍摄角度分类。

1）正面拍摄。主体正面被拍摄。

2）侧面拍摄。主体侧面被拍摄。

3）俯视拍摄。从上往下拍摄。

4）仰视拍摄。从下往上拍摄。

（6）按照摄像设备分类。

1）手机摄像。利用手机摄像头拍摄的视频。

2）监控摄像。利用监控摄像头拍摄的视频。

3）专业摄像。利用专业摄像设备（如电影摄像机）拍摄的视频。

四、数据标注的方法

从上述内容可知，数据集主要分为文本数据集、语音数据集、图像数据集和视频数据集四种类型。每种类型的数据集都有其独特的特性和应用领域。下面详细介绍每种数据集的常用数据标注方法，以帮助理解如何有效地处理和标注这些数据，从而提升人工智能模型的性能和应用效果。

1. 文本数据标注

文本数据标注方法广泛应用于自然语言处理领域，包括但不限于实体标注、实体关系标注、文档属性标注、阅读理解及交互意图标注等方法。这些标注方法的功能覆盖了从识别文本中的特定实体及其相互关系，到为文档添加属性和标签，再到解答问题和解析用户意图等多个层面。文本数据标注方法能帮助高效完成自然语言处理任务，其中，文本句法树标注和文本属性标注方法在实际操作中尤为常用。

2. 语音数据标注

语音数据标注方法广泛应用于语音技术领域，能应对多样化的语音数据场景。语音标注方法总体上可分为单段落和多段落语音数据标注两种类型，分别针对简短的音频片段和包含多个对话段落的复杂数据集。单段落语音标注方法专注于识别和分类单个音频中的语音信息，而多段落语音标注方法则进一步处理更为复杂的对话和多声源场景。这些语音标注方法不仅提高了语音数据的组织和分析效率，还为语音识别、情感分析、自然语言处理和智能对话系统的开发提供了强有力的支持。

3. 图像数据标注

图像数据标注方法在数据准备和机器学习模型训练中起着关键作用。它们通过丰富的标注选项，使开发者和研究人员能够详尽地描述图像细节，显著提升了模型的识别精度和分析深度。标注方法涵盖了关键点标注、2D和3D标注框、线标注、区域标注及图像属性标注。这些标注方法不仅增强了模型对图像内容的理解，也为图像处理和计算机视觉任务提供了强有力的支持，使开发者和研究人员能详尽地描述图像细节，显著提升模型的识别精度和分析深度。

4. 视频数据标注

视频数据标注方法是视频分析和处理领域的基础，通常分为视频通用功能标注方法和物体跟踪标注方法两大类。视频通用功能标注方法是指对视频内容进行基本的标记和注释，如场景识别、关键帧提取和视频摘要生成；物体跟踪标注方法是指对视频中的移动物体进行持续的追踪和标注，适用于行为分析、事件检测等高级应用。这些标注方法通过提供精确的标注能力，极大地提升了视频数据的处理效率和分析深度，为视频内容的自动化理解和智能化应用奠定了基础。

职业模块 3
计算机系统知识

培训课程 1 计算机系统基础

学习单元 1　计算机基本知识

一、计算机的起源

计算机是一种高度自动化的电子设备，能接收和存储信息，并根据内部程序（这些程序体现了人类的意图）对输入的信息进行处理，然后输出结果。了解计算机基本原理是理解现代计算设备运作方式的核心。这些原理包括硬件组成和软件系统功能。计算机通过二进制代码进行数据处理，依赖冯·诺依曼结构实现数据的输入、处理和输出，这些不仅是现代计算技术发展的基础，也为量子计算等新兴领域提供了理论支持。深入学习这些基础知识有助于掌握计算机科学的核心概念，并为技术创新奠定坚实的理论基础。

1946 年，第一台计算机 ENIAC 诞生，标志着人类进入了计算机时代。随后，美籍匈牙利数学家冯·诺依曼提出了"存储程序"的计算机设计理念，即将计算机指令编码后存储在存储器中，程序可以按顺序执行，从而控制计算机的运行，这就是冯·诺依曼架构的开端。

早期的计算机设计中，程序和数据是两个截然不同的概念。数据存储于存储器中，而程序是控制器的一部分，这种设计效率低、灵活性差。冯·诺依曼结构中，程序和数据被视为同等，程序被编码为数据后与数据一同存储在存储器中，这样计算机就可以调用存储器中的程序来处理数据。这种设计思想减少了硬件的连接，实现了硬件和软件的分离，即硬件设计和程序设计可以独立进行。冯·诺依曼架构（见图 3-1）的核心设计思想体现在以下几个方面。

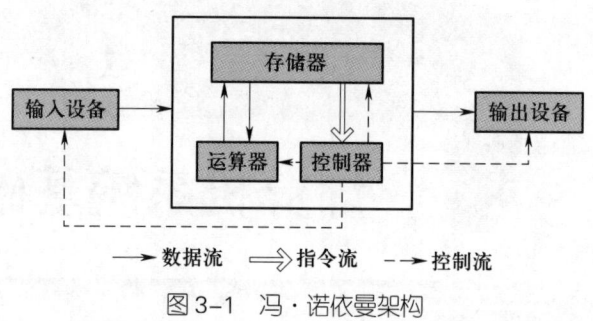

图 3-1　冯·诺依曼架构

程序与数据的二进制编码。程序和数据都以二进制形式存储在存储器中，二进制编码是计算机能够识别和执行的唯一形式（如可执行的二进制文件：.bin 文件）。

所有程序、数据和指令序列都预先存储在主存储器中，以便计算机在工作时能高速提取指令进行分析和执行。

冯·诺依曼架构确定了计算机的五个基本组成部分：运算器、控制器、存储器、输入设备和输出设备。这种架构为现代计算机的发展奠定了基础，使得硬件和软件可以独立演进，并推动了计算机技术的迅速发展。

二、数据的储存

在计算机科学中，数据的存储至关重要，它包括如何编码、存储和解码各种类型的数据。编码和存储技术不仅使得计算机能够处理简单的文本数据，还支持多媒体内容，如图像、音频和视频。掌握数据存储的基本原理和技术，对于深入理解计算机科学及其应用具有重要意义。

计算机自诞生以来，其核心功能是通过处理和存储信息来执行各种任务。而这些功能的实现离不开基础的二进制编码。二进制编码利用计算机硬件的基本特性，即电子开关的两种状态——开和关。通过将所有信息转换为由 0 和 1 组成的二进制数列，计算机能够高效地处理数据和执行复杂的计算。

计算机中的所有数据，包括文字、图像、音频等，都可以用二进制编码来表示。例如，一个字母、一个像素的颜色值、一段音频信号，都可以用二进制编码来表示。人们日常生活中用的是十进制，但在计算机科学中，为了方便计算器处理数据，需要将十进制数转换成二进制的形式，有些时候八进制和十六进制也有特定的运用场景。计算机中不同进制的区别见表 3-1。

表 3-1　计算机中不同进制的区别

进制	基数	符号	示例值 （十进制 15）	特点
十进制	10	0~9	15	日常使用的数字系统
二进制	2	0、1	1111	计算机内部使用的基本表示法
八进制	8	1~7	17	一种更短的二进制表示法，每三位二进制位表示一个八进制数
十六进制	16	0~9，A~F	F	常用于编程和计算机科学，每四位二进制位表示一个十六进制数

1. 数据的存储单位

（1）位（bit）。位是计算机中表示信息的最小单位。一个位可以表示两种状态，通常为 0 或 1。计算机中所有的数据都是以位为基础来表示的。

（2）字节（byte）。字节是计算机中存储信息的基本单位。一个字节由八个位组成，因此可以表示 256 种不同的状态。字节通常用于表示单个字符，如字母或数字。

（3）字（word）。在计算机中，一条指令或一个数据信息称为一个字。字是计算机进行信息交换、处理、存储的基本单元。一个字的长度（字长）可以是 16 位、32 位或 64 位等，取决于具体的计算机架构。

（4）字长。字长是 CPU 中每个字所包含的二进制代码的位数，是衡量计算机处理能力的一个重要指标。字长越大，CPU 一次能处理的数据量越大，处理效率越高。

（5）容量单位。用于衡量计算机存储器的存储能力，常见的容量单位包括：字节（B）、千字节（KB，1 KB = 1 024 B）、兆字节（MB，1 MB = 1 024 KB）、吉字节（GB，1 GB = 1 024 MB）。

2. 字符编码的发展

符编码是将文字和符号转换为计算机可处理的二进制数的过程。最早的标准之一是 ASCII（美国信息交换标准代码），它为 128 个字符分配了唯一的数值，这些字符包括英文字母、数字、标点符号和控制字符。

例如"Hello, World!"的 ASCII 的十进制表达式就是 72 101 108 108 111 44 32 87 111 114 108 100 33。其中不同字母，空格，标点符号都有自己独特的 ASCII 代码。

然而，随着社会发展和计算机应用的普及，ASCII 的局限性越加明显，它无法涵盖世界上所有语言的字符。为解决这一问题，Unicode 应运而生。Unicode 是一种通用字符编码标准，旨在为全球所有语言和符号提供统一的编码方式。Unicode 使用多种编码方案，如 UTF-8、UTF-16 和 UTF-32，以不同的字节长度表示字符。

对于中文字符，由于其数量众多且结构复杂，Unicode 和国标系列标准提供了相应的支持。GB/T 2312—1980《信息交换用汉字编码字符集 基本集》和 GBK《汉字内码扩展规范》是中国常用的字符编码标准，它们分别支持简体和繁体中文。GB 18030《信息技术 中文编码字符集》进一步扩展了字符集，覆盖了 Unicode 的所有字符，并支持多字节编码，使得计算机能够处理包括少数民族文字在内的广泛字符集。

例如中文字符"你"在 ASCII 中无法表示，因为 ASCII 不支持中文字符。但在 Unicode 中，例如 UTF-8，3 个字节编码是 11100100 10111000 10100100 代表中文的"你"。

无论是 ASCII 还是 Unicode，所有文本数据在计算机中最终都以二进制格式存储。这意味着每个字符被转换为一串 0 和 1 的比特流，存储在计算机的内存或硬盘中。当需要显示或处理这些字符时，计算机会将它们读取出来，并根据相应的编码规则进行解释。这个过程不仅支持基本的文本显示，还支持复杂的文本处理，如多语言文档的创建和显示。

计算机字符编码的发展极大地推动了全球信息化的进程，使得不同语言之间的交流和信息共享变得更加容易和高效。在未来，随着科技的进步，可能会有更多新的编码标准和技术涌现，以适应不断变化的全球通信需求。

三、硬件系统和软件系统

计算机系统由硬件系统和软件系统两部分构成。硬件系统提供了计算机运行的物理基础，软件系统则提供操作和控制硬件的指令和程序。两者相辅相成，共同实现计算机的完整功能。

1. 硬件系统

硬件系统包括构成计算机的所有物理设备，根据冯·诺依曼架构，通常分为五个主要部分：运算器、控制器、存储器、输入设备和输出设备。

运算器和控制器通常集成在中央处理器（CPU）中，是计算机的核心部件，负责执行指令和控制其他组件的工作。存储器包括主存（如随机存取存储器 RAM）

和辅助存储器（如硬盘、固态硬盘 SSD），用于存储数据和程序。输入设备（如键盘、鼠标）和输出设备（如显示器、打印机）分别负责数据的输入和结果的输出。

（1）中央处理器（CPU）。中央处理器是计算机的核心部件，主要由控制器和运算器组成，采用大规模集成电路工艺制造，因此也称为微处理器芯片。CPU 的主要功能是执行计算任务和控制其他硬件组件的工作。

运算器，也称算术逻辑单元，是 CPU 中负责数据处理的部分。它能执行各种算术运算和逻辑运算。这些运算是计算机执行各种任务的基础，例如数学计算、数据比较和条件判断。

控制器负责从存储器中取出指令，对指令进行译码，并按照指令的要求控制其他硬件组件的工作。它确保各部件按顺序协同工作，从而完成各种操作。控制器主要由指令寄存器、译码器、程序计数器和操作控制器等组成。这些组件一起工作，协调计算机的所有操作。

CPU 的性能直接影响计算机的整体性能，因此 CPU 的型号、主频和外频是衡量计算机性能的重要指标。市场上的主要 CPU 制造商包括 Intel 和 AMD，其中 Intel 的奔腾和酷睿系列，以及 AMD 的锐龙系列是常见的选择。

（2）主板。主板是计算机内部最大的集成电路板，它连接并协调所有硬件组件的工作。主板上有多种接口和插槽，用于连接 CPU、内存、存储设备和各种输入/输出设备。主板的质量和性能对计算机的整体表现有重要影响。

（3）内存。内存主要包括随机存取存储器（RAM）和只读存储器（ROM）。RAM 用于存储正在使用的数据和程序，是计算机运行时的主要存储空间。ROM 则存储了系统启动所需的固件和其他只读数据。此外，计算机中还可能包含高速缓存，用于加速数据访问。内存的特点是存取速度快，但容量相对较小，价格较高，主要用于存放当前运行的程序和数据。

（4）外存。外存主要包括硬盘、光盘等。硬盘是最常用的外存，具有较大的存储容量。光盘容量大且价格较低，但存取速度较慢，主要用于长期存储数据。

这些硬件组件共同组成了计算机的物理基础，而系统软件（如操作系统）和应用软件则依赖于这些硬件资源来实现具体的功能和任务。通过合理的硬件配置和优化，计算机能够高效地执行各种计算和数据处理任务。

硬件系统的选择通常根据特定的使用场景来决定。例如，在高性能计算系统中，可能会选择多核处理器、大容量内存和高性能存储设备，以满足大规模数据处理和复杂计算的需求。在普通办公环境中，可能只需选择较为普通的硬件配置即可满足日常工作需求。

2. 软件系统

软件系统是计算机系统中不可或缺的组成部分，包括所有操作计算机的程序和相关文档。软件系统分为系统软件和应用软件两类。

（1）系统软件。系统软件是计算机系统中管理、监控和维护硬件资源的基础软件，为应用软件的运行提供稳定、高效的环境。其核心部分是操作系统（OS），如 Windows、Linux 和 macOS，负责管理计算机的硬件资源。操作系统通过进程管理、文件系统管理和用户界面提供支持，使得多个程序可以同时运行，并确保硬件资源的有效利用。

操作系统通过多任务处理和进程调度机制，实现进程的创建、调度和终止。它不仅管理内存分配，防止进程间的内存冲突，还提供文件系统来组织和管理数据。操作系统提供的图形用户界面（GUI）和命令行界面（CLI）使用户能够与计算机进行交互，简化了应用软件的开发和使用。此外，系统软件还包括编译器和数据库管理系统（DBMS），分别负责将编程语言代码转换为机器代码和管理数据的存储与查询。

（2）应用软件。应用软件是为特定任务或应用场景设计的软件，它们直接为用户提供功能和服务。应用软件的种类繁多，涵盖日常办公、娱乐、科学计算、图形设计等多个领域。常见的应用软件包括办公套件（如 microsoft office）、图像处理软件（如 adobe photoshop）、浏览器（如 google chrome，百度浏览器）和游戏等。

应用软件通常依赖于系统软件提供的服务和 API。例如，办公软件利用操作系统的文件系统管理文档，游戏利用图形 API 实现渲染，数据库应用通过 DBMS 管理数据。应用软件的开发通常需要考虑与系统软件的兼容性和性能优化，以充分利用硬件资源和操作系统提供的功能。

总之，系统软件和应用软件共同构成了计算机软件系统。这种分层结构确保了计算机系统的灵活性和扩展性，使其能够适应不断变化的用户需求和技术进步。

四、计算机操作系统

1. 操作系统的基本概念

操作系统是管理和控制计算机系统资源的系统软件，是计算机硬件的第一级扩展。它作为计算机用户和硬件设备之间的接口，所有应用程序都必须在操作系统的支持下运行。计算机系统资源包括硬件资源（如 CPU、存储器、外部设备等）和软件资源（如系统程序、应用程序和数据文件）。当今计算机，用户只有通过操作系统才能使用计算机。

操作系统的发展可以分为三个主要阶段：初级阶段、起步阶段和成熟阶段。初级阶段（20 世纪 50—60 年代）主要使用机器代码和汇编程序，没有真正的操作系统，只有监控程序来负责系统管理和控制。起步阶段（20 世纪 60—70 年代）出现了大量的高级语言编译程序和工具软件，以及初步的操作系统，这些系统能帮助用户完成基本的系统管理任务。成熟阶段（20 世纪 70 年代至今）以 1974 年产生的 C 语言为标志的一批成熟的标准化、结构化高级语言开始流行，以此为工具开发的各类操作系统开始出现。操作系统进入成熟期，设计逐渐趋向集成化、标准化和大型综合化。

操作系统在现代计算机系统中扮演着至关重要的角色，其主要作用包括三个方面。首先，它提供了一个方便友好的用户界面，使用户能直观地与系统交互，执行各种任务而无需记忆复杂的命令。其次，操作系统提高了系统资源的利用效率。它通过合理分配 CPU 时间、有效管理内存和文件系统，以及协调外围设备，确保多进程高效运行，数据安全存储和读取。最后，操作系统为软件开发提供了运行环境，提供标准的编程接口（API），简化开发过程并提高程序的可移植性，使其能够在不同硬件平台上运行。

综上所述，操作系统不仅是用户与硬件之间的桥梁，还在 CPU 管理、存储管理、外部设备管理、文件管理和作业管理等方面发挥着核心作用。

2. 常见的操作系统

（1）Windows 操作系统。Microsoft Windows 系列操作系统是在微软给 IBM 机器设计的 MS-DOS 的基础上设计的图形操作系统。

Windows 操作系统有着良好的用户界面和简单的操作。现在常用的有 Windows XP、Windows 7，还有比较新的 Windows 10、Windows 11。

微软还开发了适合服务器的操作系统，像 Windows server 2000，Windows server 2003。

（2）UNIX 操作系统。UNIX 基本都是安装在服务器上，没有用户界面，基本上都是命令操作。UNIX 系统以其稳定性和安全性著称，适合工业和商业用途。

（3）Linux 操作系统。Linux 操作系统是 UNIX 的衍生系统，开源且免费，用户可以自由修改和分发。常见的 Linux 发行版有红旗 Linux、Ubuntu、Fedora、Debian

等。Linux 系统既可以用作服务器系统，也可以用作桌面操作系统。

（4）macOS 操作系统。macOS 是由苹果公司开发的运行于 Macintosh 系列计算机上的操作系统。macOS 是首个在商用领域成功的图形用户界面系统。macOS 系统以其简洁的界面和稳定的性能受到广泛欢迎。

（5）嵌入式操作系统。嵌入式操作系统是指专为嵌入式系统设计的操作系统。常见的 VxWorks、eCos、Symbian OS、Palm OS 以及某些功能缩减版本的 Linux 系统都属于嵌入式操作系统。某些情况下，OS 指的是一个内置了固定应用软件的巨大泛用程序。在许多最简单的嵌入式系统中，所谓的 OS 就是指其上唯一的应用程序。

上述学习中我们介绍了几种常见的操作系统。除了这些主流的操作系统外，Android 的电脑版操作系统和 Chrome OS 也在逐渐发展中，这些新兴系统提供了不同的用户体验和功能，特别是在移动设备和云计算环境中有着广泛的应用。

在实际使用过程中，Windows 适合大多数日常用户，常用于桌面计算机和日常办公；UNIX 和 Linux 有高稳定性和安全性，常被用于服务器和高负载场合；macOS 提供强大的创意工具和稳定的系统环境，常用于创意工作和设计；嵌入式操作系统如 VxWorks 或定制的 Linux 系统经常用于资源受限的设备。各种操作系统的优缺点见表 3-2。

表 3-2 各种操作系统的优缺点

操作系统	特点	适用场景	优点	缺点
Windows	图形用户界面友好，兼容性好，使用广泛	桌面计算机、办公环境、游戏	用户界面友好，软件支持广泛，易于使用	安全性较低，易受病毒和恶意软件攻击
UNIX	稳定性和安全性高，主要通过命令行操作	服务器、工业和商业用途	高稳定性和安全性，适合高负载服务器环境	用户界面不够友好，学习成本高
Linux	开源、免费、多样化的发行版，具有灵活定制性	服务器、开发环境、嵌入式系统	开源、免费，高安全性和稳定性，社区支持丰富	界面和用户体验因发行版而异，部分学习曲线较陡
macOS	用户界面简洁，生态系统良好	创意工作（设计、音乐、视频等）、办公	用户界面友好，生态系统完整，稳定性高	硬件选择受限，价格较高
嵌入式操作系统	专为特定硬件设备设计，轻量化	嵌入式设备、物联网设备	资源占用少，能精确控制硬件	功能相对受限，缺乏通用性

3. 操作系统中常见的术语

（1）进程。进程是正在运行的应用程序，每个进程拥有独立的内存空间和资源。进程是操作系统分配资源和调度任务的基本单位。一个进程可以理解为占用一定 CPU 资源的程序执行实例。

系统中的每个进程在执行时都有自己独立的内存地址空间。这种独立性确保了进程之间的操作不会相互干扰。例如，当运行百度浏览器时，每个打开的窗口或标签页都可以被视为一个独立的进程。类似地，每次运行 JDK 的 'java.exe' 程序，就会启动一个独立的 Java 虚拟机进程。

（2）线程。线程是操作系统能够进行运算的最小单位，包含在进程之中。它是 CPU 调度和分派的基本单位。线程代表一个进程中的单一顺序的控制流，一个进程可以包含多个线程，这些线程可以并行执行不同的任务。当多个线程同时在一个进程中运行时，这种方式称为并发运行。例如，百度浏览器每个标签页对应一个独立的线程，这些线程共享进程的资源，但能够独立执行任务。同时一个进程中有多个线程同时执行称之为多线程。线程共享进程的内存和系统资源，但彼此之间可以独立运行。这种方式允许一个程序同时处理多个任务，从而提高效率。

（3）服务。服务（也称为守护线程）是没有界面的后台程序，它们默默运行，为其他应用程序提供功能。例如，播放 MP3 的服务可以在用户启动播放时开始，停止播放时结束。服务可以相互依赖，并在后台持续运行，以提供系统级功能。

（4）任务。任务是由软件完成的活动，是一个抽象的概念。一个任务可以是一个进程或一个线程，代表一系列共同完成某一目标的操作。例如，从磁盘读取数据并将其加载到内存中就是一个任务，这个任务可以由一个进程或线程来执行。

（5）并行与并发。

并行：多个线程在不同的 CPU 或处理器上运行，避免了同一个 CPU 或处理器上的上下文切换操作，这适用于无需通信或共享资源的独立任务。

并发：多个线程需要通信或访问共享数据，在同一个或多个 CPU 上运行时，需通过锁机制进行同步。并发强调任务之间的协调，而不是独立运行。

（6）并发与线程上下文切换。在单处理器系统中，多线程并发执行实际上是通过上下文切换实现的。上下文切换是指在切换到另一个线程之前，CPU 必须保存当前线程的状态。这是单处理器系统能够执行多个任务的关键。然而，线程切换是一项开销很大的操作，调度器需要花费额外的 CPU 时间来暂停和恢复线程。

（7）互斥。互斥是为了保证在多个线程之间不能同时执行相同的代码片段。

例如，一个共享的资源（如文件、外部设备）只能由一个线程独占访问，以避免竞争条件。互斥通常通过锁机制实现，也称为线程同步。尽管同步可以防止数据冲突，但也会导致其他线程等待锁释放，从而降低并行度。

（8）程序。计算机程序是一组指示电子计算机或其他具备信息处理能力的电子设备每一步操作的指令。通常，这些指令使用某种编程语言编写，并在特定的目标体系结构上运行。

计算机程序作为软件的一部分，除了核心的代码，还包括文档和其他辅助信息。通常，用英文编写的计算机程序在被计算机理解之前，需要经过编译和链接过程，这种转换过程将源代码变为计算机可以执行的机器代码。此类程序被称为编译语言。而未经编译即可直接解释和运行的程序，则称为脚本程序或解释型语言。

在计算机中，程序的执行流程如下：

1）编写源程序。用户使用编程语言（如 C 语言、Python、Java 等）编写源代码。

2）编译/汇编。源代码通过编译器或汇编器转换为机器语言的目标代码或可执行文件。

3）链接。链接器将多个目标文件和库文件链接成一个完整的可执行程序。

4）加载。操作系统将可执行程序加载到内存中，为其分配必要的资源。

5）执行。CPU 开始执行程序指令，程序运行。

（9）源代码。源代码是一系列人类可读的计算机语言指令。现代程序语言的源代码通常以文本文件形式出现，其目的是编译出计算机程序。源代码的最终目的是将人类可读的文本翻译成计算机可以执行的二进制指令，这个过程称为编译，通过编译器来实现。

（10）编译器。编译器是一种将源代码（原始语言）转换为目标语言的计算机程序。编译的过程将高级语言代码（如 C 语言）转换为低级语言代码（如汇编语言），再经过链接（添加各种库），最终由汇编器生成机器码，也就是可执行文件。在 Windows 操作系统中，这种可执行文件通常具有".exe"扩展名。

（11）汇编器。汇编器是将汇编语言代码转换为机器码的工具。汇编语言是介于高级语言和机器码之间的低级语言，它更接近硬件操作。

（12）解释器。解释器与编译器不同，解释器直接执行源代码，而不将其转换为机器码。解释器逐行翻译并立即执行代码，这使得调试和开发过程更加灵活，但通常执行速度比编译后的代码慢。

（13）编译执行。编译执行是指编译器将源代码翻译成汇编语言代码，汇编器将汇编代码转换为机器码（可执行文件），在 Windows 下的可执行文件称为".exe"文件。

4. 文件和文件夹

（1）文件。文件是存储在外部存储设备上的一组相关数据的集合，通常包含文档、图片、程序等。文件具有唯一的文件名，以便于在系统中标识和访问。

（2）文件名。文件名由盘符、路径、主文件名和扩展名组成，如 C:\Users\Owner\Desktop\人工智能训练师\职业模块2计算机系统基础V1.0（1）.docx（见图 3-2）。文件名帮助用户和系统区分和管理文件。

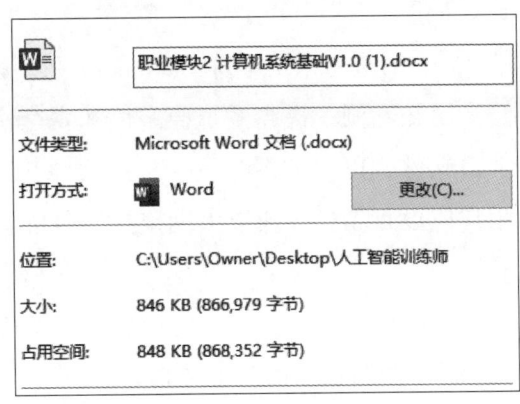

图 3-2 文件名与路径

（3）文件夹（文件目录）。文件夹是存储文件和其他文件夹的结构，用于组织和管理文件。根目录是最高级别的文件夹，所有其他文件夹和文件都从属于它。

（4）树形目录结构。树形目录结构是文件系统的一种组织形式，根目录处于最高层级，其他文件夹和文件形成类似倒悬树状的层级结构。每个文件夹中可以包含文件和子文件夹。

（5）路径。路径是文件或文件夹在文件系统中的位置表示，可以是绝对路径或相对路径。绝对路径从根目录开始，如 C:\Windows\System32；相对路径从当前工作目录开始，如 Windows\System32。

5. 操作系统的配置与管理

Windows 系统和 macOS 的安装过程是设置计算机系统的基础环节，以确保系统能够正常运行。

对于 Windows 系统，用户通常从微软官方网站下载 ISO 文件并制作一个启动

U 盘。安装时，通过 BIOS 设置将 U 盘设置为优先启动设备。进入 Windows 安装界面后，用户可以选择语言、时间和货币格式及键盘输入方法等。接着，选择安装版本（如 Windows 10 家庭版或专业版），选择安装类型（全新安装或升级现有系统）。在全新安装过程中，需要设置硬盘分区，这一步非常重要，因为它决定了系统的安装位置和数据的存储方式。同时，还需要进行用户账户、密码，以及其他基本设置，如时区和网络配置。

对于 macOS，安装过程通常较为简洁。用户可以通过 app Store 下载最新的 macOS 安装程序，或者使用 macOS 恢复模式启动系统。macOS 恢复模式允许用户从 Apple 服务器下载最新的操作系统版本，并重新安装系统。安装过程中，用户选择目标磁盘，并配置语言、网络设置等。macOS 的安装过程还包括设置 iCloud 账户，以便于数据同步和备份。

在操作系统安装完成后，需进行系统配置。Windows 系统的配置包括安装系统更新和补丁，这对于修复已知漏洞、提高系统稳定性和安全性至关重要。用户需要配置防火墙和安装杀毒软件，以保护系统免受恶意软件和网络攻击。此外，网络配置也非常重要，用户应设置 Wi-Fi 或以太网连接，并配置网络防火墙，以确保网络通信安全。

macOS 的配置过程于 Windows 系统类似，用户首先需要确保系统已安装最新的更新和安全补丁。macOS 内置的安全功能（如 Gatekeeper）可以防止未授权的应用程序运行，用户可按需配置。用户还需要设置 iCloud 账户，启用数据同步和备份功能，可确保数据的安全和便捷访问。在网络配置方面，macOS 支持详细的网络设置，包括 VPN、代理服务器配置等。

日常维护是保证操作系统长期稳定和安全运行的关键。对于 Windows 系统，用户应定期运行磁盘清理工具，清除系统垃圾文件、浏览器缓存和临时文件，以释放磁盘空间。Windows 还提供磁盘碎片整理工具，帮助优化磁盘性能，尤其是在使用机械硬盘的情况下。备份重要数据也是日常维护的重要部分，用户可以使用 Windows 自带的备份工具或第三方备份软件，定期备份文件和系统状态。监控系统性能也是关键的一环，用户可以使用任务管理器或资源监视器，检查 CPU、内存、磁盘和网络的使用情况，识别并解决高资源占用的进程，有助于保持系统的流畅运行。

macOS 的日常维护包括使用"磁盘工具"进行磁盘修复和权限检查，确保文件系统的完整性和数据的安全性。macOS 的"活动监视器"提供了监控系统性能的功能,用户可以查看当前运行的进程及其资源占用情况。macOS 内置的"时间机器"备份功能非常便捷,用户应定期备份数据以防丢失。定期清理不必要的应用程序和文件,保持系统的简洁,可有效避免系统资源浪费。此外,macOS 还提供了一些自动化工具(如 Automator),用户可以编写自动化任务以提高工作效率。

系统更新是 Windows 和 macOS 日常维护的另一个重要方面。操作系统和应用程序的更新不仅包括新功能,还包括重要的安全修补程序。用户应定期检查并安装这些更新,以确保系统的安全和最新状态。对于企业用户,还可以使用集中管理工具,如 Windows Server Update Services(WSUS)或 macOS 的 Profile Manager,来管理多个设备的更新和配置。

通过正确的安装、合理的配置和定期的日常维护,可确保 Windows 和 macOS 操作系统安全、稳定且高效运行,为用户提供良好的使用体验。

学习单元 2 计算机的历史与未来发展

一、计算机的发展历史

从 1946 年世界上第一台计算机诞生至今,计算机的发展历史可以分为四个主要阶段,每个阶段都有其独特的制造工艺、代表型号、数据处理方式和运算速度。各阶段计算机的特点见表 3-3。

表 3-3 各阶段计算机的特点

阶段	制造工艺	代表型号	数据处理方式	运算速度	起止年份
第一代	电子管	ENIAC	机器语言	每秒几千到几万次	1946—1958 年
第二代	晶体管	TRADIC	汇编语言、高级语言	每秒几万到几十万次	1958—1964 年
第三代	中、小规模集成电路	IBM-360	操作系统、高级语言	每秒几十万到几百万次	1964—1970 年
第四代	大规模和超大规模集成电路	ILLIAC-Ⅳ	高级语言、图形用户界面	每秒几百万到几亿次	1970 年至今

我国的计算机事业始于20世纪50年代。1960年，我国第一台自行研制的通用电子计算机107机问世。1964年，我国研制了大型通用电子计算机119机。

20世纪70年代以后，我国生产的计算机进入了集成电路计算机时期。进入20世纪80年代，我国又研制成功了巨型机。1982年，我国独立研制成功了银河Ⅰ型巨型计算机，运算速度为每秒1亿次。1997年6月研制成功的银河Ⅲ型巨型计算机，运算速度为每秒130亿次。这些机器的出现，标志着我国的计算机技术水平迈上了一个新台阶。

2000年，我国自行研制成功高性能计算机"神威Ⅰ"，其主要技术指标和性能达到国际先进水平。我国成为继美国、日本之后世界上第三个具备研制高性能计算机能力的国家。

二、计算机技术的未来趋势

随着科技的不断进步，计算机技术迅速发展，对人类生活、工作和娱乐产生了深远影响。未来，人工智能、量子计算、物联网、边缘计算等前沿技术将成为核心驱动力，极大地改变人们的日常生活和工作方式。这些技术不仅有望提升计算能力和效率，还将提高安全性并带来更多应用可能性。

1. 量子计算

量子计算是一种利用量子力学现象来进行计算的新型计算机技术。与传统计算机基于比特的二进制系统不同，量子计算机使用量子比特，能够同时表示0和1两种状态。这使得量子计算机在处理某些复杂问题时具有极高的效率。尽管目前量子计算仍处于实验和开发阶段，但其潜力巨大，可能在密码学、材料科学和复杂系统模拟等领域引发革命性变化。

2. 人工智能

人工智能已经在多个领域取得了显著进展，如图像识别、自然语言处理和自动驾驶等。未来，随着深度学习和强化学习等技术的进步，人工智能将更加智能化和自主化。AI技术的进一步发展可能会带来更多的创新应用，如智能医疗诊断、个性化教育和智能家居系统。

3. 边缘计算和物联网

随着物联网设备的急剧增加，数据量的爆炸性增长，对传统中心化计算提出了挑战。边缘计算通过在数据生成的本地进行处理，减少了数据传输的延迟和带宽需求。这一趋势与物联网的普及相辅相成，使得智能城市、自动驾驶和智能工厂等应用场景成为可能。

4. 生物计算和神经形态计算

生物计算和神经形态计算是模拟生物系统的计算技术，旨在实现高效、低能耗的计算能力。这些技术可能会为人们理解和模拟大脑功能、开发新型计算设备提供新的路径。

未来的计算机技术将继续快速发展，跨越传统计算的限制，引领新的技术革命。

培训课程 2

网络环境与互联网应用

学习单元1　网络基础知识

一、计算机网络的基本概念

计算机网络是由多个分散且具有独立功能的计算机通过通信设备和线路连接形成的系统。这些系统通过完善的软件实现资源共享和信息传递。简言之，计算机网络是互联的自治计算机集合体，用于实现数据传输和资源利用。

从功能上看，计算机网络通过通信线路连接多台计算机以实现信息传递。其组成包括传输介质和通信设备，用户可以通过网络操作系统自动管理和调用所需资源。

IP地址是分配给网络设备的唯一标识符，用于在计算机网络中标识和定位设备。它就像互联网上设备的"地址"，使得不同设备能够相互识别并通信。IP地址有IPv4和IPv6两种版本。常见的IPv4地址由四个0~255的十进制数组成，使用点分隔（如192.168.1.1）。IP地址在网络通信中至关重要，它们确保数据包能够准确地从源设备传输到目标设备。

路由是指数据包从源设备传送到目标设备所经过的路径。路由在网络中起"导航"作用，通过路由器等网络设备依据网络拓扑和路由表，选择最优路径传送数据。路由表包含了网络中不同目标的路径信息，并依据这些信息决定数据包的转发方向。路由协议如OSPF（开放最短路径优先）和BGP（边界网关协议）等用于动态更新路由表，确保数据包能够在复杂多变的网络环境中有效地到达目的地。

协议是在网络通信中用来定义通信规则的标准和约定。协议规定了数据的格式、传输方式、错误检查和纠错机制等，确保不同设备之间能够互相操作和有效通信。计算机网络中的协议分为多个层次，从物理层到应用层，每一层都有特定的协议。例如：网站端口开头的 HTTP/HTTPS 协议，用于网页浏览器与服务器之间的通信，HTTP 是明文传输，而 HTTPS 则是加密传输，提供更高的安全性。

IP 地址、路由和协议是计算机网络的基本组成部分。IP 地址标识设备，路由决定数据传输路径，而协议确保通信规则的统一和有效执行。这些元素的相互作用构建了现代互联网的基础，支持全球范围内的通信和数据交换。

二、计算机网络的功能

1. 资源共享

计算机网络的一个核心功能是资源共享。借助网络，用户可以共享硬件设备（如打印机、扫描仪等）、存储设备（如网络硬盘、云存储）和软件资源。这种共享方式不仅提高了资源的利用率，还有效降低了成本。例如，企业可以通过网络共享一台高性能打印机，而不必为每位员工单独配置。这种集中管理和使用资源的方式还便于设备维护和升级，提升整体工作效率。

2. 数据通信

数据通信是计算机网络的基础功能，通过网络，计算机和其他设备可以实时交换信息，实现即时通信、语音通话、视频会议等。数据通信使得跨地域的交流变得更加便捷，特别是在全球化的商业环境中，企业可以通过网络即时联系世界各地的分支机构和客户，促进业务发展。

3. 信息服务

计算机网络提供丰富的信息服务，包括电子邮件、互联网搜索、新闻发布和在线教育等。通过互联网，用户可以随时随地访问海量的信息资源，进行在线学习、阅读新闻、获取各类知识。此外，网络还提供了各种在线服务，如天气预报、股市行情、社交媒体等，满足人们日常生活中的各类信息需求。

4. 远程控制

远程控制功能使用户可以通过网络远程访问和操作计算机系统。在维护和管理远程设备时尤为有用。例如，IT 管理员可以远程登录服务器进行配置和维护，技术支持人员可以远程帮助用户解决计算机问题。远程控制还广泛应用于智能家居系统中，用户可以通过手机或其他设备远程控制家中的灯光、空调、安防系统等,提高生活的便利性和安全性。

5. 应用服务

计算机网络提供丰富的应用服务,如在线支付、电子商务、在线游戏和流媒体等。这些服务极大地丰富了人们的日常生活和娱乐方式,满足了人们多样化的需求。

6. 数据存储和备份

数据存储和备份是计算机网络的重要功能。通过网络,用户可以将数据存储在远程服务器或云存储平台上,既提高了数据的安全性,又方便了数据的访问和共享。数据备份功能确保在本地设备出现故障或数据丢失时,用户可以快速恢复重要数据。企业和个人都可以通过这种方式保护关键数据,降低数据丢失的风险。

7. 提高工作效率

通过计算机网络,用户可以实现信息的快速传递和高效的资源管理。这不仅有助于提高工作效率,还可以优化业务流程,降低运营成本。网络还使协同工作成为可能,不同地区的团队成员可以通过网络实时协作,共同完成项目。

三、互联网、局域网和广域网

互联网是一个由全球无数互相连接的网络组成的庞大系统,它使得世界各地的计算机和其他设备能够进行互通和信息交换。

数据通过互联网传输的过程涉及将信息转换为光或电脉冲(称为"位"),这些信号通过线缆和无线电波以光速传输,再由接收设备进行解析。这种全球性的网络结构使得快速信息交换成为可能,支撑着如社交媒体平台、搜索引擎等全球性应用的运行。

局域网(local area network,LAN)是覆盖范围较小的计算机网络,通常用于单个建筑或一组建筑内,如家庭、办公楼或学校等。局域网内的设备可以直接相互通信,支持高速度、低延迟的数据传输。局域网的应用包括共享文件、使用共享打印机以及在同一网络内进行联机游戏等。由于局域网通常是独立的,在没有互联网连接的情况下也可以运行,并且设备数量可以从两台到数千台不等。典型的例子如家庭网络,其中的电脑、手机和平板电脑都连接到同一个路由器,形成一个局域网。

广域网(wide area network,WAN)的覆盖范围远大于局域网,它可以连接城市、国家甚至跨越大洋。广域网通过路由器等设备将多个局域网连接起来,使得位于不同地理位置的网络能够进行互通。广域网的速度相对较慢，且延迟较高，因为数据需要通过更长的路径传输。尽管如此，广域网对于跨地区的组织和企业至关重要，它们通常用来连接总部和分支机构，使得不同地点的员工能够共享资源和信息。一个典型的广域网实例是一个跨国公司的全球网络，连接了多个国家的办公室。

互联网、局域网和广域网之间的主要区别在于它们的覆盖范围、速度和设备数量，见表3-4。局域网覆盖的范围较小，速度快且延迟低，适用于小规模的网络环境。广域网则覆盖更大的范围，速度相对较慢，但可以连接大量设备。互联网作为一个全球性网络，是由无数个局域网和广域网组成的，提供了一个无边界的信息交换平台。这些网络类型在实际应用中各有其独特的角色和优势，共同构建了现代信息社会的基础设施。

表3-4 互联网、局域网和广域网的区别

特性	局域网（LAN）	广域网（WAN）	互联网
覆盖范围	小范围（如家庭、办公室）	大范围（如城市、国家）	全球
速度	高	较低	取决于具体连接
延迟	低	较高	取决于具体连接
设备数量	数台至数千台	数千台以上	无限制
架构	独立或封闭	连接多个局域网	全球互联
典型例子	家庭网络、学校机房	企业总部与分支机构的网络	全球互联网

学习单元2　互联网服务与应用

一、常见的互联网服务和应用

1. 网络通信服务

互联网提供了丰富的网络通信服务，包括电子邮件、即时通信、网络电话和视频会议等。这些服务极大地提高了人们的沟通效率，使人们可以随时随地与他人保持联系。例如，通过电子邮件可以方便地发送文字、图片和文件；即时通信工具如微信等则可以实现实时对话和多媒体共享；网络电话和视频会议平台进一步打破了地理限制，使远程工作和在线会议成为可能。

2. 信息检索与搜索服务

互联网犹如一个庞大的信息库，搜索引擎如百度、谷歌等提供了强大的信息检索功能。用户可以快速查找各种信息资源。搜索引擎不仅帮助用户找到所需的信息，还通过算法优化，提供与搜索最相关的内容。这些服务大大满足了人们的多样化需求，从日常生活中的问题解决到专业领域的深入研究，搜索引擎已成为不可或缺的工具。

3. 在线购物与支付服务

互联网的发展带动了在线购物和支付服务的普及。用户可以通过各种电子商务平台方便地购买商品，无需前往实体店。在线支付系统如支付宝、微信支付等，提供了多种支付方式，简化了支付流程。在线购物的便利性和多样性极大地改变了人们的消费习惯，同时也促进了全球电子商务的迅猛发展。

4. 社交媒体服务

社交媒体平台如微博、微信、Facebook 等，是人们分享和交流的重要平台。这些平台不仅允许用户发布和分享个人动态，还提供了一个互动社区，用户可以关注朋友、了解最新新闻、参与热门话题讨论等。对于企业而言，社交媒体是进行营销和品牌推广的有力工具，能够直接与消费者互动，扩大品牌影响力。

5. 网络娱乐服务

互联网为人们的娱乐生活提供了丰富的选择，包括音乐播放、在线游戏、影视节目等。通过音乐平台，用户可以在线听音乐或将音乐下载到播放设备上。视频流媒体平台则提供了大量的电影、电视剧和其他视频内容。在线游戏也成为许多人放松身心的选择。这些娱乐服务不仅丰富了人们的日常生活，还为创作者提供了展示才华的平台。

6. 在线教育服务

互联网的普及使在线教育成为一种重要的学习方式。各类在线教育平台提供了广泛的课程内容，包括语言学习、职业技能培训以及兴趣爱好培养等。在线教育打破了传统教育的时空限制，使学习变得更加灵活便捷。一些平台还引入了互动式学习体验，如在线讨论、实时问答等，提高了学习的趣味性和效率。

二、互联网与社交媒体的发展

人类传播经历了口语、文字、印刷、电子和互联网等时代。口语传播时代信息口耳相传，文字传播时代则以文字符号记录和传递信息，印刷传播时代印刷技术普及大众传播，电子传播时代实现了时空和影像传播的突破。进入互联网传播时代后，社交媒体依托互联网技术，继承了传统大众媒体的特点，重构传播生态，成为信息传播的主要渠道之一。

互联网的快速发展极大地推动了社交媒体的兴起和普及。互联网提供了一个开放的环境，使得用户能够方便地创建和访问内容。社交媒体平台支持用户上传和分享多媒体内容，实现全球范围的即时互动。

互联网的实时通信能力使得信息传播变得极快，为社交媒体平台上的新闻推送和实时话题讨论创造了条件，使得平台不仅是社交互动的工具，也是信息传播和获取的重要途径。互联网的互动性和社区特性使得社交媒体成为人们表达观点和参与公共讨论的平台，增强用户的参与感和归属感。

大数据技术在社交媒体平台中发挥了至关重要的作用，特别是在内容推荐方面。社交媒体平台收集用户的各种行为数据，包括浏览历史、点赞、分享、评论以及关注的账号等。平台利用大数据分析技术，对收集到的数据进行处理和分析。通过机器学习算法，平台可以识别出用户的兴趣模式。例如，某用户经常观看某种类型的视频或阅读特定主题的文章，算法会将这些信息作为该用户的兴趣标签。基于用户的兴趣标签和行为模式，平台可以推荐相关的内容。这种推荐可以是基于相似用户的兴趣（协同过滤），也可以是基于内容的相似性（内容过滤）。

大数据技术允许平台实时调整推荐内容。随着用户行为的变化，算法会不断更新用户的兴趣标签，确保推荐内容的相关性和个性化。例如，当用户开始关注新的兴趣领域时，推荐系统会快速调整，提供更多相关的内容。

三、云计算与云服务

云计算是一种分布式计算技术，通过互联网（即"云"）提供计算资源，如存储、处理能力、数据库、网络、分析、人工智能和软件应用。企业无需购置和维护本地物理IT基础架构，可以按需访问这些资源。这种模式提供了灵活的资源分配、更快的创新能力和规模经济效应，使众多企业能更高效地实行数据和IT现代化。

云计算的核心在于弹性和灵活性。它将大型计算任务分解为多个小任务，交由共享的计算资源池进行处理，能快速响应变化的业务需求。这种资源的动态分配机制降低了运营成本，提高了资源利用率和工作效率。

云计算的核心原理是将多个服务器或计算机通过网络连接起来，形成一个庞大的资源池，从而实现类似超级计算机的性能。这样的资源池提供了高性能的并行计算能力，且成本相对较低。云计算的出现，使得高性能计算不再只是少数大企业或研究机构的专利，普通用户也能轻松访问和使用这些计算资源，极大提高了计算资源的利用率和用户的工作效率。

云计算模式可以简单理解为，用户通过互联网获取所需的计算资源和应用服务，无需了解这些服务背后的服务器位置或内部运作。用户只需通过浏览器或应用程序，即可访问和使用各种云服务。图3-3所展示为云计算示意图，用户就是边缘设备，用户的请求通过边缘节点输送到云端并在服务器内部运作。

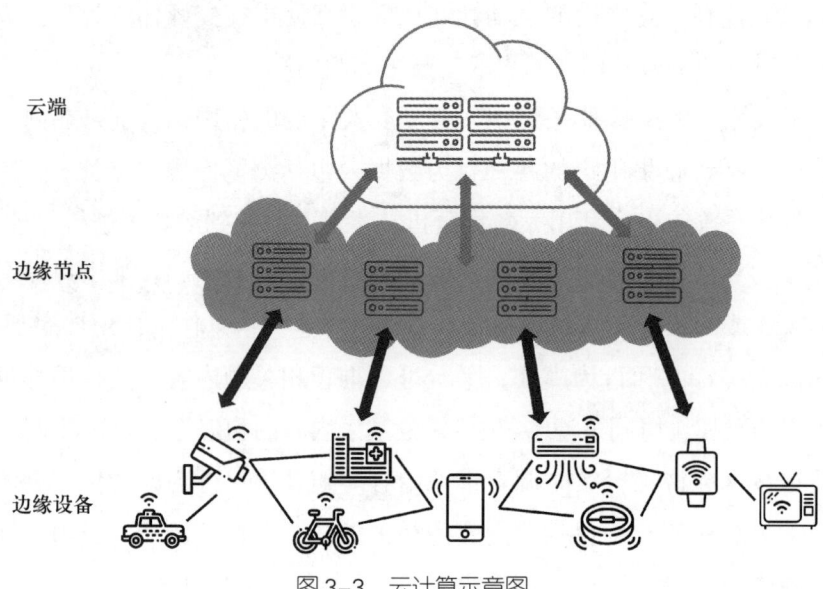

图3-3 云计算示意图

云模式包括公有云、私有云和混合云。

公有云。公有云是由第三方云服务提供商（如阿里云和Microsoft Azure）通过互联网交付计算资源的模式。这些云服务提供商拥有并运营所有的硬件、软件以及支持基础架构。用户按需购买和使用这些资源，包括服务器、存储、应用程序等，无需自行管理和维护底层基础设施。公有云的主要优势在于灵活性和可扩展性，用户可以根据业务需求动态调整资源的使用，适应变化的工作负载。

私有云。专门为一个组织提供的计算资源，可以位于该组织的现场数据中心或由云提供商托管。私有云提供了更高的安全性和隐私性，适合需要严格数据保护的组织。它允许企业自定义和控制云环境，同时享受云计算的弹性和可扩展性。

混合云。混合云结合了公有云和私有云的优点，通过支持数据和应用协同工作的技术将两者连接起来。敏感数据和应用可以保存在私有云中，公开访问的服务放置在公有云中。这种模式为企业提供最大的灵活性，能根据具体需求选择合适的基础架构部署。

四、移动计算与物联网

互联网技术的持续进步推动移动计算和物联网应用的快速增长，它们已经渗透到人们生活的方方面面。随着这些技术的日益成熟，它们正逐渐成为推动社会进步和提高生活质量的关键驱动力。下面介绍移动计算与物联网以及他们在当今社会中的应用。

1. 移动计算

移动计算是随着移动通信、互联网、数据库和分布式计算技术发展而兴起的一种新技术。它使计算机和其他智能终端设备能在无线环境下实现数据传输和资源共享。移动计算的核心目标是，无论何时何地，都能为用户提供有用、准确、及时的信息。这项技术极大地改变了人们的生活和工作方式，让信息和服务的获取更加便捷。

移动计算设备包括手机、笔记本电脑、平板电脑、POS 机和车载电脑等。这些设备的便携性和功能性，使得用户可以随时随地进行工作、学习和娱乐。例如，智能手机不仅可以进行通信，还具有导航、在线购物、社交互动等多种功能。而笔记本电脑和平板电脑则提供了强大的计算能力，支持办公和多媒体处理等应用。

2. 物联网

物联网（IoT）是指由互联设备组成的网络，这些设备通过传感器和通信技术与互联网连接，能够相互通信和交换数据。IoT 设备包括家用电器（如智能冰箱、智能灯泡）和工业设备（如传感器网络和自动化系统）等。这些设备通过收集和分析数据，提供智能服务，优化用户体验。

3. 典型应用

（1）智能家居。移动计算和 IoT 在智能家居中的应用非常广泛。例如，智能恒温器可以根据用户的习惯自动调节温度，智能灯光系统可以根据环境光线和用户的偏好自动调节亮度。用户可以通过智能手机应用程序远程控制家中的设备，如锁门、调节空调以及监控安全摄像头等。

（2）健康与医疗。移动计算和IoT在健康和医疗领域的应用显著提升了医疗服务的质量和效率。例如，可穿戴设备如智能手环和智能手表可以监测用户的心率、睡眠质量等健康数据，并将这些数据传输给医疗人员进行分析。远程医疗系统允许医生通过视频通话和数据传输对远程患者进行诊断和治疗。

（3）智能交通。在智能交通领域，移动计算和IoT技术用于优化交通管理和车辆操作。车载计算机和导航系统可以实时获取交通信息，帮助驾驶员选择最优路线，避免拥堵。自动驾驶汽车利用IoT技术进行环境感知和导航，提高交通安全性。

（4）工业物联网。在工业领域，IoT技术用于设备监控、维护和优化生产流程。传感器和联网设备可以实时监测设备的状态和性能，预测潜在故障，减少停机时间。该技术还可以优化资源利用，如能源利用和原材料管理，从而降低成本、提高效率。

（5）智能农业。移动计算和IoT技术被广泛应用于智能农业。农民可以通过传感器和联网设备监测土壤湿度、温度、光照等环境条件，优化灌溉和施肥策略，提高作物产量和质量。此外，移动设备可以帮助农民实时访问市场信息和农作物价格，优化销售策略。

（6）智能零售。在零售行业，移动计算和IoT技术提高了客户体验和运营效率。例如，智能货架和库存管理系统可以实时监控商品的存货情况，自动补货。移动支付和电子收据系统简化了结账过程，增强了购物体验。此外，基于位置的营销技术可以向顾客推送个性化的促销信息，提高销售额。

学习单元3　数据安全与网络安全

一、数据保护

数据保护是指通过实施安全策略和程序，防止敏感数据遭受损坏、泄漏和丢失。这对组织极为重要，因为数据泄露和丢失可能导致严重的财务损失和声誉损害。数据保护涵盖一系列技术和政策，旨在确保数据的机密性、完整性和可用性。

在现代信息管理中，数据保护是不可或缺的。它不仅保障数据的安全性、隐私性和完整性，还在当前数字化和信息驱动的环境下，成为遵守法律和合规的要求，以及维护客户信任和企业声誉的重要手段。有效的数据保护策略可以帮助组织避免数据泄露、丢失及未经授权的访问，从而保障业务的连续性和竞争力。以下是数据保护的几个关键原则：

1. 可用的数据

可用的数据指的是员工可以随时访问他们日常工作所需的数据。这对组织的业务连续性和灾难恢复计划至关重要。这些计划依赖于在单独位置存储的备份数据副本。如果发生数据丢失或系统故障，快速恢复这些数据对于减少停机时间和维持正常业务运作至关重要。要拥有可用的数据，常采用定期备份数据、实施冗余系统以及使用高可用性的存储解决方案。

2. 可靠的数据管理

可靠的数据管理包括数据生命周期管理和信息生命周期管理。

数据生命周期管理涉及数据的创建、存储、使用、分析以及最终的归档或处置。它有助于确保组织遵守相关法律法规，并避免不必要的数据存储。良好的数据生命周期管理包括数据分类、存储优化和数据保留策略，以便在需要时能快速找到和使用数据，同时降低存储成本。

信息生命周期管理侧重于对组织数据集中信息的目录编制和存储。其目标是确定信息的相关性和准确性，以确保决策依据的数据是最新和准确的。这包括定期更新数据、清理过时信息以及保障数据的安全存储。

数据保护策略包括监视和保护中的数据，保持对数据的可见性和访问的持续控制。制定全面的数据保护策略可以帮助组织识别不同数据类别的风险，并确定相应的防护措施。这些策略还包括身份验证和授权机制，明确可以访问信息的人员、可以访问的信息类型以及访问的目的。通过这些机制，组织可以有效地控制数据访问，防止未经授权的访问和数据泄露。

总之，数据保护不仅是防止数据泄露和丢失的重要手段，也是维护组织合规性和声誉的关键因素。通过有效的数据保护策略，组织可以确保其敏感数据的安全，同时支持其业务目标和运营需求。

二、常见的数据保护方法

在当今信息时代，数据已成为组织的关键资产，涵盖从客户信息到业务运营的各个方面，进行数据保护至关重要。以下是一些常见的数据保护方法及其具体功能。

1. 数据丢失防护（DLP）

数据丢失防护是一种安全解决方案，旨在防止敏感数据被未经授权的用户访问、共享、传输或使用。DLP系统通过监视和分析数据流动来检测和阻止潜在的数据泄露，确保数据在传输和存储过程中的安全，帮助组织遵守相关法规要求。

2. 复制和带有内置保护的存储

复制数据以创建最新的数据副本，用于防止数据丢失和提高数据访问速度，主系统发生故障时可切换到备份系统保证业务的连续性。此外，复制的数据可以用于分析，而不干扰生产环境的正常运作。

现代存储解决方案通常内置多种保护机制，如多级冗余和版本控制。多级冗余可以防止数据因硬件故障或服务中断而丢失。版本控制则允许保留文件的多个版本，防止意外或恶意修改。此外，可以对存储账户进行锁定，以防止数据被意外删除。

3. 防火墙和身份验证

防火墙是一种网络安全设备，用于监控和过滤网络流量。它根据预设的安全规则，阻止未经授权的访问和潜在的威胁。身份验证和授权机制用于验证用户的身份，并控制他们对数据的访问权限。基于角色的访问控制根据用户的角色分配权限，防止未经授权的访问，提高数据的安全性。

4. 数据发现

数据发现是识别和分类组织中存在的数据集的过程。通过数据发现，可以确定数据存储的位置，并对数据进行分类，如受限、私有或公共数据。这一过程有助于确保数据符合监管合规性要求，并帮助组织更好地管理其数据资产。

5. 备份与加密

备份是数据保护的重要组成部分。定期备份数据可以在发生数据丢失或损坏时快速恢复。典型的备份策略包括完全备份和增量备份，存储多个数据副本，其中一个副本应存储在异地。备份策略应与组织的灾难恢复计划紧密结合，以确保在紧急情况下能够迅速恢复数据和系统。

加密是将明文数据转换为不可读的密文的过程，以保护数据的机密性和完整性。加密可以应用于静态数据和传输中的数据，即使数据被截获，未经授权的用户也无法解密和访问。加密技术广泛用于保护敏感信息，如个人身份信息和财务数据。

6. 灾难恢复

灾难恢复是信息安全的关键组成部分，旨在帮助组织在发生灾难性事件（如自然灾害、大规模设备故障或网络攻击）后迅速恢复正常运营。灾难恢复计划包括数据备份、系统恢复、业务连续性计划等，是一种主动应对风险的方法。

7. 终结点保护

终结点保护涉及保护连接到网络的各种设备，如移动设备、桌面计算机、虚拟机、嵌入式设备和服务器。通过终结点保护，组织可以监控这些设备，防止恶意软件攻击和人为造成的错误，确保网络和数据的安全。

8. 快照

快照是特定时间点的文件系统视图，它记录了该时刻的所有数据状态。快照通常由存储系统创建，可以作为数据的备份。快照可以是只读的，确保数据在快照创建后不被更改。通过快照，可以快速恢复到特定时间点的数据状态。

9. 数据清除

数据清除是指永久删除组织不再需要的存储数据。这一过程也被称为数据擦除或数据删除，通常是合规要求的一部分。例如，《通用数据保护条例》规定，个人有权要求组织删除其个人数据，这被称为"被遗忘权"。

三、网络安全威胁

网络安全威胁是指试图非法访问数据、破坏数字操作或损害信息的任何可能的恶意攻击。其来源多种多样，包括企业间谍、黑客活动分子、敌对国家、犯罪组织和心怀不满的员工。

近年来，一些备受瞩目的网络攻击事件曝光了大量敏感数据。例如，2017年的美国知名信用评估公司 Equifax 数据泄露事件导致约 1.43 亿消费者的个人数据被泄露，包括出生日期、地址和社会安全号码。这类事件都表明，相关组织在技术保护措施的实施、测试和重新测试方面存在不足，如加密、身份验证和防火墙等，从而导致了网络安全威胁。

网络攻击者可以使用被窃取的个人或公司敏感数据来实施信息盗窃或金融诈骗等破坏性行为。因此，网络安全专业人员在保护私人数据方面起着重要作用。

现代信息化社会的网络安全威胁层出不穷，对个人和组织的信息安全构成了严重挑战。这些威胁不仅影响个人隐私和财务安全，还可能对企业运营和国家安全产生深远影响。主要的网络安全威胁有以下七种。

1. 恶意软件

恶意软件包括间谍软件、勒索软件、病毒和蠕虫等。恶意软件通常通过用户点击恶意链接或附件激活，激活后它会阻止访问关键网络组件，安装其他有害软件，通过从硬盘驱动器传输数据秘密获取信息（如间谍软件），破坏系统功能。

2. Emotet

网络安全和基础设施安全局将 Emotet 描述为一种高级的模块化银行木马，主要用于下载或植入其他银行木马。Emotet 被认为是最昂贵和最具破坏性的恶意软件之一。

3. 拒绝服务攻击

拒绝服务攻击使计算机或网络无法响应请求。分布式拒绝服务攻击则借助多个计算机网络发起攻击，通常利用僵尸网络（受恶意软件感染并被黑客控制的计算机网络）进行攻击，致使目标系统不堪重负。

4. 中间人攻击

在中间人攻击中，攻击者在两方通信之间插入自己，以过滤或窃取数据，常见于使用不安全的公共 Wi-Fi 网络时。

5. 网络钓鱼

网络钓鱼攻击通过虚假通信（如伪造的电子邮件）诱骗受害者提供敏感信息，如信用卡号或登录凭证。

6. SQL 注入

攻击者在使用 SQL 的服务器中插入恶意代码，使服务器发布不应公开的信息。提交恶意代码的方式可能非常简单，如在网站的搜索框中输入代码。

7. 密码攻击

攻击者通过获取或猜测密码来访问系统和数据。社会工程学是其中一种攻击策略，通过欺骗手段诱导人们透露密码或绕过安全措施。

四、网络安全防护措施

为了应对网络安全威胁，实施基本防护措施是确保数据和系统安全的关键。基本防护措施不仅可以防止恶意攻击，还可以增强整体的网络安全态势，确保信息的机密性、完整性和可用性。以下是一些常见且有效的基本防护措施。

1. 防火墙

防火墙可以根据预设的安全规则，允许或拒绝特定的数据包，从而保护网络免受未授权的访问和恶意攻击。防火墙可以部署在企业的网络边界，保护内部网络免受外部威胁。

2. 入侵检测系统

入侵检测系统是用于检测和识别网络中的恶意活动和入侵尝试的安全工具。它可以实时监控网络流量，分析数据包，并发出警报以通知管理员潜在的威胁，能检测已知的攻击模式和异常行为，帮助企业迅速响应和处理安全事件。

3. 防病毒和反恶意软件

防病毒和反恶意软件是用于检测和删除计算机和网络中的恶意软件的安全软件。它们可以扫描文件和网络流量，识别病毒、间谍软件、勒索软件等恶意软件，并阻止其感染系统。此类软件通常会定期更新，以应对新出现的威胁。

4. 多因素认证

多因素认证是一种安全措施，要求用户在登录时提供多种形式的身份验证信息，如密码和短信验证码。多因素认证增加了访问系统的难度，即使攻击者获得了密码，也难以通过额外的验证步骤。

5. 数据加密

数据加密是将敏感信息转换为不可读形式的过程，只有持有正确解密密钥的人才能读取。数据加密可以保护数据在传输和存储过程中的安全，防止未经授权的访问和数据泄露。

防火墙自互联网诞生以来一直是网络安全的基石，安装防火墙有助于保护计算机和网络系统，防止未经授权的访问和数据泄露。防火墙通过管理网络流量，自动阻止来自外部的不请自来的流量和恶意软件。

同时，虚拟专用网络（VPN）成为越来越多企业（尤其是小型企业）的重要工具。VPN 创建安全的加密通道，通过公共互联网连接远程用户和企业网络，对分散在全球各地的员工非常有用，可以确保团队成员在共享信息和访问公司资源时的安全性。尽管 VPN 对于保护敏感数据非常有用，但并非所有企业都需要使用 VPN。如果企业的远程办公不涉及敏感数据的传输，可能不需要 VPN 的额外保护。

通过结合使用防火墙和 VPN，企业可以有效地增强网络安全防护。防火墙为内部网络提供基本的防护屏障，阻止未经授权的访问和恶意攻击；VPN 确保远程员工的通信安全，保护数据传输的机密性。如此，无论员工身处何地，都能安全地访问企业的资源和信息，从而保障业务的连续性和数据的安全性。

五、用户安全意识教育

在网络安全中，用户是关键的一环。即使技术措施再强大，如果用户安全意识不足，他们的行为可能引发严重的安全漏洞。因此，提高用户的安全意识和行为规范是防止网络安全威胁的关键。

网络安全员在企业和组织中扮演着至关重要的角色，他们既要负责技术方面的安全措施，又要提升用户的安全意识和行为规范。组织定期的安全培训是提高用户安全意识的基础。网络安全员应设计和实施全面的培训课程，涵盖常见的网络威胁（如网络钓鱼、社交工程攻击、恶意软件等）、安全最佳实践以及如何识别和报告可疑活动。通过真实案例和互动式培训，可以帮助用户更好地理解和记住这些知识。

网络安全员应制定并推广企业的安全政策和指南，包括数据处理、安全访问、密码管理等方面。这些政策应明确规定用户在处理敏感信息和使用公司资源时的行为规范。确保所有员工了解并遵循这些政策，是降低人为错误导致安全漏洞的关键。

定期进行模拟演练和测试（如模拟钓鱼攻击）可以帮助用户体验实际威胁的情境，从而增强他们的警觉性。为用户提供简单易用的渠道，以报告可疑活动或安全事件。网络安全员应鼓励员工主动报告问题，并确保这些报告得到及时的处理和响应。建立一个开放的沟通环境，可以让用户更愿意分享安全问题，并帮助组织及时应对潜在的威胁。

网络安全员应鼓励和推广良好的安全习惯，如定期更新密码、避免在公共Wi-Fi上访问敏感信息、定期备份数据等。这些简单的日常措施可以显著减少安全风险。

通过这些策略，网络安全员可以有效地提高用户的安全意识和行为规范。这不仅有助于保护组织的网络安全，还能增强员工个人的信息安全防护能力。

在网络安全中，企业和个人要如何保护自身的切身利益呢？网络安全不仅是企业的责任，也是个人必须重视的问题。保护切身利益不仅是防止数据泄露和经济损失的关键，也是维护信任和声誉的重要手段。下面介绍个人和企业应采取的保障信息安全和切身利益的措施。

1. 企业方面

（1）减少人为错误。很多网络攻击是通过社会工程学方法实现的，例如网络钓鱼、冒充、诱骗等。这些攻击通常利用人们的疏忽大意或缺乏安全知识。通过安全培训，用户可以学会识别这些攻击并采取适当的防护措施，减少人为错误导致的安全事件。

（2）保护敏感信息。用户往往接触大量的敏感信息，包括个人数据、公司机密和客户信息。安全培训可以帮助用户理解如何妥善处理和保护这些信息，防止数据泄露。例如，设置强密码、不在公共场所讨论敏感信息、正确处理和销毁敏感文件。

（3）应对不断变化的威胁。网络威胁不断演变，新型攻击手段层出不穷。定期安全培训可以帮助用户了解最新的威胁和防护方法，确保知识和技能与时俱进，使企业始终处于网络安全状态。

2. 个人方面

（1）使用强密码和多因素认证。强密码是抵御网络攻击的第一道防线。用户应使用包含大小写字母、数字和特殊字符的复杂密码，并避免使用容易猜测的信息。此外，启用多因素认证可以增加账户安全性，即使密码被盗，攻击者也难以访问账户。

（2）警惕网络钓鱼和社交工程攻击。保持警惕，不轻易点击来历不明的链接或下载可疑附件。对于要求提供个人信息的请求，都应核实其真实性。安全意识教育可以帮助用户识别常见的钓鱼攻击特征，如紧急语气、惊人的优惠等。

（3）保护个人设备和数据。定期更新操作系统和应用程序，确保使用最新的安全补丁。使用防病毒软件、启用防火墙、加密重要数据和定期备份数据也是保护个人设备和数据的重要措施。

（4）安全使用公共网络。在公共 Wi-Fi 网络上，避免访问敏感信息或进行财务交易。使用 VPN 可以加密网络连接，防止数据被截取和窃取。避免在公共计算机上输入敏感信息，如登录账户或进行支付操作。

（5）了解和遵守公司的安全政策。在工作场所，应了解并遵守公司的安全政策和最佳实践。这包括使用公司提供的安全工具和软件、不将公司设备用于个人用途、不在未经授权的设备上访问公司资源等。

职业模块 4
常用办公软件基础知识

培训课程 1 认识办公软件

学习单元 1　办公软件及其分类和特点

一、办公软件的定义

办公软件是一种旨在提升工作效率的计算机程序集合。办公软件通过简化和自动化日常办公任务，帮助用户更高效地完成工作。办公软件的主要功能包括文档处理、数据计算与分析、信息管理以及团队协作。现代办公软件通常具备多种功能模块，这些模块可以单独使用，也可以集成使用，以满足用户不同的需求。例如，Microsoft Office 套件不仅包含文字处理和电子表格功能，还包括演示制作、邮件管理等功能，能满足综合办公的需求。

二、办公软件的分类

办公软件可以根据功能分为多个类别，每类针对特定的办公任务进行优化。常见办公软件分类及其代表产品见表 4-1。

表 4-1　常见办公室软件分类及其代表产品

类别	功能描述	代表产品
文字处理软件	用于创建、编辑、格式化和打印文本文档	Microsoft Word、Google Docs
电子表格软件	用于组织、计算、分析和可视化数据	Microsoft Excel、Google Sheets
演示软件	创建视觉吸引力强的演示文稿，支持多种媒体格式	Microsoft PowerPoint、Google Slides

续表

类别	功能描述	代表产品
电子邮件客户端	用于发送、接收和管理电子邮件	Microsoft Outlook、Mozilla Thunderbird
项目管理软件	用于规划、执行和监控项目	Microsoft Project、Asana
协作工具	支持团队成员之间实时文档共享和编辑	Slack、Trello
图形和图像编辑软件	创建和修改图像和图形	Adobe Photoshop、GIMP
数据库管理软件	创建、管理和查询数据库	Microsoft Access、MySQL
云服务和在线办公应用	提供在线文档编辑、存储和协作功能	Google Workspace、Microsoft Office 365

三、办公软件的特点

办公软件具有以下几个显著特点，使其成为现代办公环境中不可或缺的工具。

1. 多功能性

现代办公软件通常集成了多种功能，用户可在一个平台上完成多种任务。例如，Microsoft Office 套件涵盖了文字处理、电子表格、演示文稿、电子邮件和日历管理等功能。集成化设计减少用户切换不同应用程序的频率，提高了工作效率和操作便捷性。

2. 用户友好性

办公软件设计直观，用户界面友好，操作流程简单，即使非技术背景用户也能快速上手。

3. 兼容性

高质量办公软件能兼容多种文件格式，支持不同操作系统和设备。兼容性确保了不同用户和系统之间的信息无障碍交流。例如，Microsoft Office 支持 .docx、.pdf 等多种文件格式，Google Sheets 可以导入和导出 Excel 文件。

4. 自动化

办公软件提供宏、模板和样式等自动化工具，帮助用户减少重复性工作。自动化功能不仅提高了工作效率，还减少了人为错误。

5. 协作性

许多办公软件支持多用户协作，允许团队成员共享和实时编辑文档。这种功能促进了团队合作，使得团队成员即使在不同地点也能高效协作。

6. 移动性

随着智能手机和平板电脑的普及，办公软件也扩展到了移动设备。用户可以随时随地访问和处理工作文件，实现了办公的灵活性。例如，Microsoft Office 365 和 Google Workspace 提供了移动应用程序，支持在手机和平板上进行文档编辑和数据管理，使用户能在各种场景下高效工作。

7. 安全性

现代办公软件提供了数据加密、访问控制和安全备份功能，确保用户数据的安全性。安全功能保护用户信息免受未经授权的访问和数据丢失。

8. 集成性

办公软件能够与其他应用程序和服务集成，如客户关系管理（CRM）系统、企业资源计划（ERP）系统等，提供更全面的解决方案。这种集成性使得办公软件能够在复杂的业务环境中提供更高效的支持。例如，Microsoft Office 365 可以与 Salesforce 等 CRM 系统集成，实现数据的无缝流转和管理，提升了业务操作的效率。

学习单元 2　办公软件的发展趋势

办公软件的未来发展将受到诸多技术创新的影响。这些技术不仅会改变软件的功能和用户体验，还将推动工作方式的深刻变革。以下是未来办公软件的发展趋势，包括用户界面和体验的优化、多功能集成与扩展性、自动化和定制化、云计算与移动化以及人工智能集成系统。

一、用户界面和体验的优化

1. 用户界面的简化与智能化

未来办公软件将越发注重用户界面的简化与智能化。现代用户期望能快速学习并高效使用软件，因此直观的界面和智能化的设计将至关重要。例如，软件会通过减少烦琐的菜单和复杂的设置，提供简洁明了的操作体验。同时，智能化设计可以让用户通过自然语言输入命令，系统自动解析并执行，从而提高操作效率和用户满意度。

2. 个性化用户体验

个性化用户体验将成为未来办公软件的重要趋势。办公软件将能够根据用户的工作习惯和偏好，自动调整界面布局和功能设置。例如，基于机器学习的算法可以分析用户的操作模式，推荐最常用的功能或自动生成常用的文档模板。这样的个性化体验不仅提升了工作效率，还增强了用户的参与感和满意度。

3. 无缝跨平台体验

无缝的跨平台体验是未来办公软件的关键特性之一。用户将能在不同设备（如桌面计算机、笔记本计算机、平板电脑和智能手机）之间无缝切换，而不必担心数据丢失或功能差异。例如，云同步技术将确保用户在任何设备上都能访问和编辑最新的文档，保持工作的连贯性和一致性。跨平台体验既提升了用户的工作灵活性，又确保了不同设备间数据和功能的统一。

二、多功能集成与扩展性

1. 集成功能的增加

未来的办公软件将继续推进多功能集成的发展，将不同类型的办公工具更紧密地集成在一个平台中，提供一站式解决方案。这种功能集成包括文字处理、电子表格、演示工具和项目管理功能等。例如，微软的 Office 365 和 Google Workspace 已经开始整合这些功能，允许用户在一个平台上完成多种办公任务。

2. 扩展性与插件支持

办公软件将增强扩展性，支持通过插件和扩展模块来增加功能。用户可以根据自己的需求安装各种插件，定制软件功能。例如，用户可以安装数据分析插件、图形设计工具或特定行业的应用插件，以满足不同业务需求。这种扩展性使得办公软件能够适应不断变化的工作需求，为用户提供更多的定制化选项。插件和扩展模块不仅提升了软件的功能性，也增强了其灵活性和适应性。

3. 跨系统整合

未来的办公软件将更加注重与其他系统的整合，如 ERP 系统、CRM 系统等。跨系统的数据集成将使用户能够更全面地访问和分析信息，优化业务流程。例如，办公软件可以与 ERP 系统实时同步财务数据，或与 CRM 系统整合客户信息，从而提高业务决策的准确性和效率。跨系统整合还将促进不同部门和业务单元之间的数据流动和协作，提升整体业务运营的协调性和效率。

三、自动化和定制化

1. 自动化功能的提升

自动化仍是办公软件的重要发展方向。未来的办公软件将提供更高级的自动化功能，如智能任务安排、自动文档生成和数据分析。通过使用宏、脚本和自动化工作流，用户可以减少重复性工作，提高工作效率。例如，自动生成报告、自动填充数据表格和自动发送邮件通知等功能，可大大简化工作流程。自动化不仅提高了工作效率，还减少了人为错误，提升了工作的准确性和一致性。

2. 高度定制化

办公软件将提供更高程度的定制化选项，使用户能根据个人或企业的具体需求调整软件功能。例如，用户可以自定义仪表板，创建自定义模板，设置个性化的工作流程。高度的定制化不仅提高了用户的操作效率，还能满足各种业务场景和需求。用户可以根据实际工作需要调整软件功能和界面布局，创建符合特定工作流程和业务需求的定制化解决方案。

3. 智能助手的应用

智能助手将成为办公软件的重要功能。基于人工智能的助手将帮助用户自动完成各种任务，如安排日程、撰写文档、分析数据等。智能助手通过自然语言处理技术与用户互动，提供实时的帮助和建议，使得办公任务更加高效和智能化。例如，智能助手可根据用户的需求自动生成会议记录、提醒待办事项，并提供相关的数据分析和建议。这种智能化的助手将大大提高工作效率和用户体验，减轻用户的工作负担。

四、云计算与移动化

1. 云计算的普及

云计算为办公软件带来更加灵活和高效的功能和数据存储方式。云服务提供了弹性的存储空间和计算能力，用户可以随时随地访问和管理工作文件，无须担心硬件限制。通过云计算，办公软件能支持大规模团队协作、实时数据同步和全球范围的访问。企业可以利用云计算平台进行数据备份和灾难恢复，保证数据的安全性和可靠性。云计算的普及将进一步提高办公软件的灵活性和可扩展性。

2. 移动办公的深入发展

随着移动设备的普及，办公软件将进一步优化其移动版本，提供更强大的移动办公能力支持更多的功能和更高的性能，如复杂文档编辑、数据分析和团队协作，提升员工工作的灵活性，支持远程办公和异地协作，满足现代工作环境的需求。

3. 云端协作的增强

未来办公软件的云端协作功能将变得更加智能化和高效，支持更多的实时协作功能，如多用户实时编辑、视频会议、即时消息等。通过云端协作，团队成员能够在不同地点实时共同完成项目，提升工作效率和团队协作效果，减少了沟通障碍和误解。云端协作还将支持跨时区、跨地域的团队合作，促进全球业务的发展。

五、人工智能集成

1. 智能数据分析

人工智能的集成将推动办公软件在数据分析方面的变革。AI 技术将能自动分析大量的数据，提取有价值的洞察和趋势。例如，办公软件可以借助 AI 算法分析业务数据，生成预测报告，帮助企业做出数据驱动的决策。智能数据分析不仅提高了数据处理的效率，还提供了更深入的业务洞察，支持更准确的决策制定。

2. 自然语言处理

自然语言处理技术将被广泛应用于办公软件中，使得用户能够以自然语言与软件进行交互。用户可以通过语音指令或文本输入来完成各种任务，如文档编辑、数据查询和信息检索。例如，用户可以通过语音命令创建新文档、编辑内容、生成报告等，提高了操作的便捷性和效率。自然语言处理技术还可以用于自动生成文档内容、翻译语言、进行情感分析等功能，使办公软件的使用更加智能和高效。

3. 智能推荐与自动化

人工智能将增强办公软件的智能推荐和自动化功能。例如，AI 可以根据用户的工作习惯和历史数据，智能推荐相关的文件、任务和功能。通过自动化的任务分配和进度跟踪，AI 可以帮助用户更好地管理项目，提高工作效率。例如，智能推荐系统可以根据用户的需求推荐合适的模板、工具和资源，自动调整工作流程，简化操作步骤。智能推荐和自动化功能将使得办公软件更加智能化，提升用户的工作效率和体验。

4. 虚拟助手和聊天机器人

虚拟助手和聊天机器人将成为办公软件的重要组成部分。通过 AI 技术，虚拟助手可以提供实时的帮助和建议，帮助用户完成各种办公任务。聊天机器人可以处理常见问题、安排会议、管理任务等，提高办公效率。例如，虚拟助手可以在用户需要时提供即时的帮助，处理烦琐的日常任务，为用户节省时间，使其能专注于更具价值的工作。虚拟助手和聊天机器人将成为办公软件的重要支持工具，提升用户的工作效率和满意度。

总的来说，未来的办公软件将继续发展和创新，充分利用用户界面优化、功能集成、自动化、云计算、人工智能等技术，推动工作效率提升与工作方式变革。用户界面的简化与智能化将提升使用体验，多功能集成与扩展性将提供更全面的解决方案，自动化和定制化将提高工作效率，云计算与移动化将提供更大的灵活性，而人工智能集成将推动智能化办公的实现。这些发展趋势将使未来的办公软件更加智能、高效和便捷，推动工作环境和业务模式的不断演进。随着技术的不断进步，未来的办公软件将为用户带来更加丰富和高效的工作体验，进一步释放人类的创造力和生产力。

培训课程 2

常用办公软件工具介绍

在日常办公环境中，人们经常依赖文字处理、电子表格和演示文稿这三种主要工具来完成任务。无论是 Microsoft Office 还是 WPS Office，这些功能都得到了广泛应用，为用户提供了丰富的功能和强大的支持。接下来，我们将详细介绍 WPS Office 中的这三种工具，分别是 WPS 文字、WPS 表格和 WPS 演示。

学习单元 1　　WPS 文字

WPS 文字是金山软件公司开发的一款功能强大且用户友好的文字处理软件。WPS 文字在商业、教育、科研及个人使用中都发挥着重要作用，它帮助用户轻松创建、编辑和分享各类文档。其界面直观、操作简单，新手易于学习使用，其丰富的功能能满足专业用户的高阶需求。

一、WPS 编辑文字的功能

WPS 文字提供了广泛的文字编辑功能，满足用户的多样化需求。WPS 文字主要有以下功能及操作方法。

1. 字体、字号与段落设置

（1）字体、字号选择。用户可以从多种字体中选择，并调整字号大小，以满足不同的文档需求。这使得用户可以根据具体情况调整文本的可读性和视觉效果。

（2）字体样式。支持加粗、斜体、下画线、删除线等多种字体样式，增强文本的可读性和视觉效果。这些样式可以用来强调重点内容，使文档更加生动。

（3）段落格式。提供对齐方式（左对齐、右对齐、居中对齐、两端对齐）、行距、段间距等设置，帮助用户创建整洁有序的段落。用户可以通过调整段落格式来改善文档的排版，使其更加专业和美观。

字体与段落设置工具栏如图4-1所示。

图4-1　字段与段落设置工具栏

2. 文本样式与模板

（1）预设样式。内置多种文本样式，用户可以快速应用到文档中，保持文档的一致性和专业性。预设样式包括标题、正文、引用等，帮助用户快速统一文档的格式。

（2）文档模板。丰富的模板库，包括简历、报告、信函等多种类型，用户可以根据需求选择合适的模板，快速创建文档。这些模板设计精美，内容结构合理，使用户能够快速生成高质量的文档。

文本样式与模板页面如图4-2所示。

3. 图片与表格插入

（1）插入图片。支持多种图片格式的插入，并提供图片调整工具，如裁剪、旋转、调整大小等。用户可以在文档中插入图像，以增加视觉效果，说明文本内容。图片编辑工具栏如图4-3所示。

（2）插入表格。用户可以在文档中插入表格，进行数据整理和展示，并提供多种表格样式和格式化工具。通过表格功能，用户可以在文档中展示结构化的数据，使内容更加直观。表格编辑工具栏如图4-4所示。

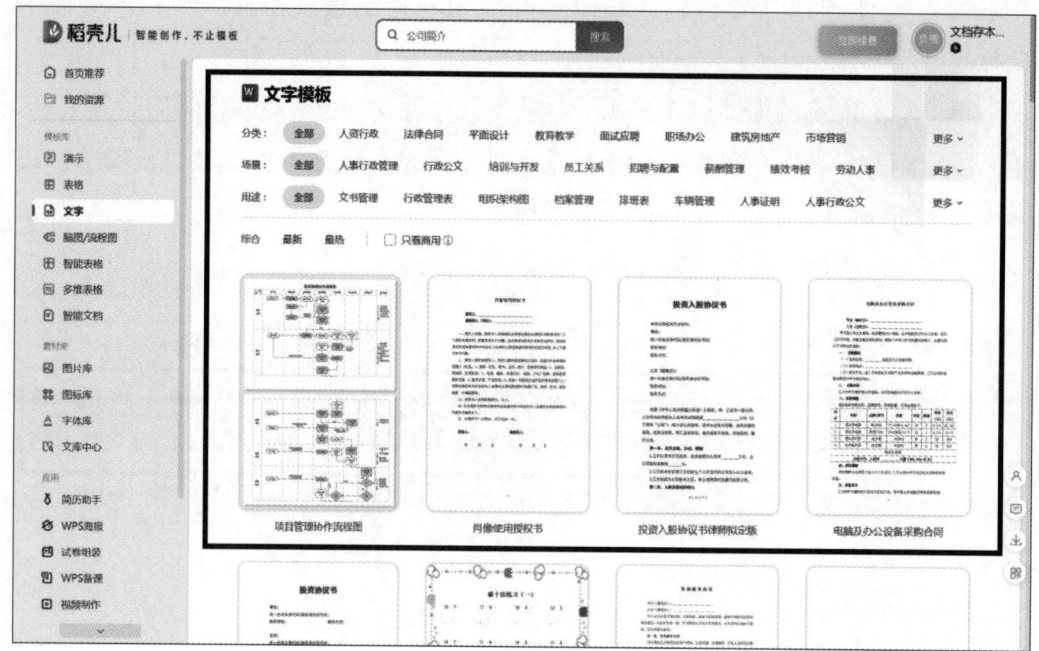

图 4-2 文本样式与模板页面

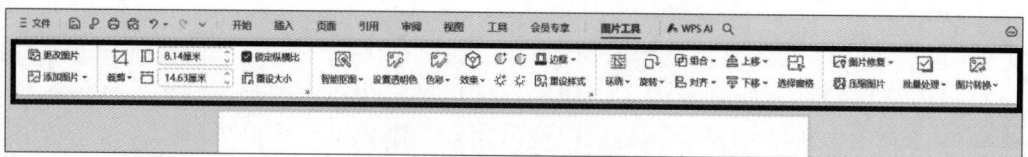

图 4-3 图片编辑工具栏

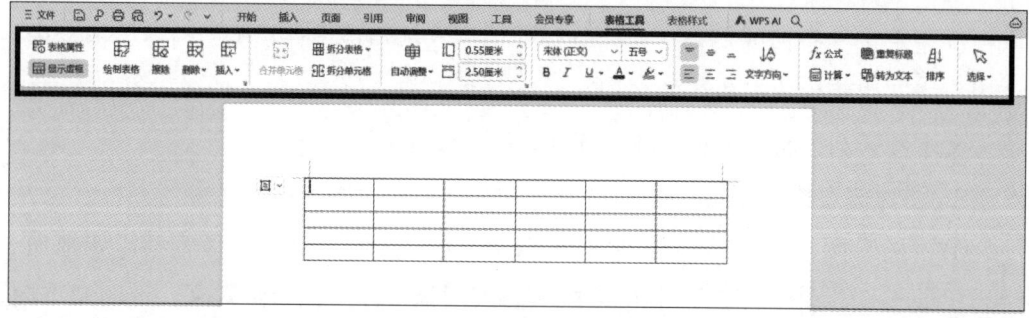

图 4-4 表格编辑工具栏

4. 页面布局与设计

（1）页眉页脚。支持添加和编辑页眉页脚，包括页码、文档标题等信息。页眉页脚功能使用户能够在文档的每一页上添加一致的信息，提高文档的专业性。

（2）页面边距与方向。用户可以设置页面边距和方向（横向、纵向），满足不同文档的排版需求。通过调整页面布局，用户可以更好地控制文档的外观和打印效果。

页面布局与设计工具栏如图 4-5 所示。

图 4-5　页面布局与设计工具栏

二、WPS 文字的协同功能

WPS 文字支持多种协同功能，使团队合作更加高效便捷。以下是一些主要协同功能及其操作方法。

1. 实时协作编辑

（1）多人协同编辑。支持多人同时编辑同一文档，实时显示其他用户的编辑内容，方便团队协作。此功能使团队成员可以在同一文档上进行实时交流和修改，提高工作效率。

（2）评论与批注。用户可以在文档中添加评论和批注，与团队成员交流意见和建议，确保文档内容的准确性和一致性。

2. 版本控制与恢复

（1）版本历史。自动保存文档的多个版本，用户可以随时查看和恢复到之前的版本，确保文档的安全和完整。版本控制功能使用户能够追踪文档的修改历史，避免误操作导致的数据丢失。

（2）更改追踪。启用更改追踪功能，记录所有修改，方便团队成员审核和确认。通过更改追踪，用户可以清晰地看到文档的修改记录，提高审核效率。

3. 云端存储与共享

（1）WPS 云存储。提供云端存储服务，用户可以将文档保存至 WPS 云，并随时随地访问和编辑。云存储功能使用户可以在不同设备上无缝切换，方便进行跨平台的文档管理。

（2）文档共享。支持通过链接、邮件等方式共享文档，方便团队成员快速获取和编辑文档。共享功能使得文档的分发和协作更加便捷，团队成员可以随时进行文档的查看和修改。

三、WPS AI 在 WPS 文字里面的应用

WPS 文字集成了生成式人工智能技术，进一步提升了用户的文档处理效率。以下是 WPS AI 在 WPS 文字中的一些主要应用。

1. 智能写作助手

（1）自动生成文本。根据用户提供的关键词或短语，智能生成文本内容，帮助用户快速创建文档。智能写作助手能够根据上下文提供符合逻辑的文本，提高写作效率。

（2）写作建议。根据上下文提供写作建议，包括句子结构、用词优化等，提升文档的语言质量。AI 写作建议功能能够帮助用户改进语句的表达，使其更加通顺和专业。

2. 智能校对与编辑

（1）语法检查。自动检测并纠正文档中的语法错误，确保文档的准确性，提高文档的质量。

（2）拼写检查。提供拼写错误提示，并给出正确拼写建议，帮助用户提高文档的专业性和准确率。

3. 智能总结与摘要

（1）文档摘要自动生成。根据文档内容自动生成摘要，帮助用户快速了解文档的主要信息和核心内容。

（2）关键点提取。提取文档中的关键点，方便用户快速浏览和理解文档内容，提高阅读效率。

学习单元 2　WPS 表格

WPS 表格（WPS Office Spreadsheets）由金山软件公司开发，是一款功能强大、用户友好的电子表格处理软件。WPS 表格凭借其高效、灵活和兼容性强的特点，已成为用户进行数据分析、财务管理和报表制作的首选工具之一。在商业、教育、科研及个人使用中，WPS 表格都发挥着重要作用。它能帮助用户轻松创建、

编辑和分享各类表格，无论是简单的数据记录，还是复杂的财务报表和数据分析，WPS 表格皆能胜任。其直观的界面设计和丰富的功能使得用户能够高效地完成各种电子表格处理任务。

一、WPS 编辑表格的功能

WPS 表格提供丰富的数据编辑和分析功能，满足用户多样化需求。以下是一些主要功能及其操作方法。

1. 数据输入与编辑

（1）单元格格式。支持多种单元格格式，包括文本、数值、日期、时间等，用户可以根据需要设置不同的单元格格式。

（2）数据验证。提供数据验证功能，帮助用户确保输入的数据符合预定的规则和格式，减少错误输入。

（3）查找与替换。强大的查找与替换功能，帮助用户快速定位并替换表格中的特定数据，提高工作效率。

数据输入与编辑工具栏如图 4-6 所示。

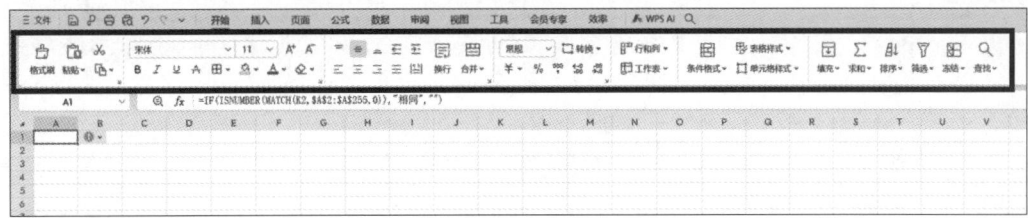

图 4-6　数据输入与编辑工具栏

2. 公式与函数

（1）内置函数库。提供丰富的内置函数库，涵盖数学、统计、财务、文本处理、逻辑、查找等多个领域，帮助用户进行复杂的数据计算和分析。

（2）自定义公式。用户可以根据需要创建自定义公式，满足特定的数据计算需求。

（3）数组公式。支持数组公式，用户可以进行多维数据的计算和处理，提高数据分析的精度和效率。

公式与函数工具栏如图 4-7 所示。

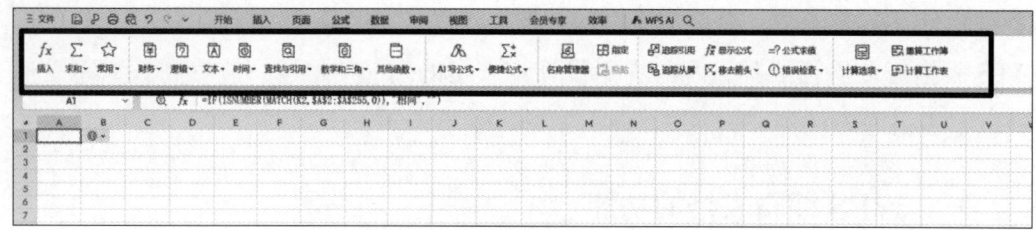

图 4-7　公式与函数工具栏

3. 数据分析与可视化

（1）数据透视表。提供数据透视表功能，用户可以快速汇总和分析大量数据，生成动态报表。

（2）图表创建。支持多种类型的图表，包括柱状图、折线图、饼图、面积图、散点图等，帮助用户直观地展示数据。

（3）条件格式。提供条件格式功能，用户可以根据特定条件设置单元格的格式，使重要数据更加醒目。

数据分析与可视化工具栏如图 4-8 所示。

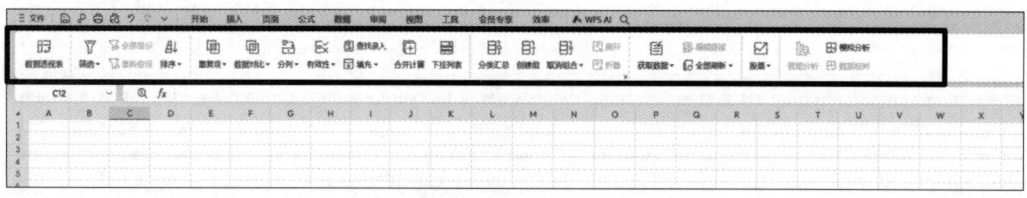

图 4-8　数据分析与可视化工具栏

二、WPS 表格的协同功能

WPS 表格支持多种协同功能，让团队合作更加高效、便捷。以下是其主要的协同功能及操作方法。

1. 实时协作编辑

（1）多人同时编辑。支持多人同时编辑同一表格，实时显示其他用户的编辑内容，方便团队协作。此功能使团队成员可以在同一表格上进行实时交流和修改，提高工作效率。

（2）评论与批注。用户可以在表格中添加评论和批注，与团队成员交流意见和建议，确保数据处理的准确性和一致性。

2. 版本控制与恢复

（1）版本历史。自动保存表格的多个版本，用户可以随时查看和恢复到之前的版本，确保数据的安全和完整。

（2）更改追踪。启用更改追踪功能，记录所有修改，方便团队成员审核和确认。通过更改追踪，用户可以清晰地看到表格的修改记录，提高审核效率。

3. 云端存储与共享

（1）WPS云存储。提供云端存储服务，用户可以将表格保存至 WPS 云，并随时随地访问和编辑。云存储功能使用户可以在不同设备上无缝切换，方便进行跨平台的表格管理。

（2）表格共享。支持通过链接、邮件等方式共享表格，方便团队成员快速获取和编辑表格。

三、WPS AI 在 WPS 表格里面的应用

WPS 表格集成了生成式人工智能技术，进一步提升了用户的数据处理效率。以下是 WPS AI 在 WPS 表格中的一些主要应用。

1. 智能数据分析

（1）自动分析数据。根据用户提供的数据，智能分析并生成报告，帮助用户快速了解数据的主要信息和趋势。

（2）预测与建模。利用 AI 技术进行数据预测和建模，帮助用户进行趋势预测和决策。

2. 智能推荐公式

（1）公式建议。根据数据的上下文和用户的输入，智能推荐适合的公式，帮助用户快速完成数据计算。

（2）函数提示。在用户输入函数时，提供函数的详细说明和示例，帮助用户更好地理解和使用函数。

3. 智能校对与优化

（1）数据校对。自动检测并纠正表格中的数据错误，确保数据的准确性和一致性。

（2）优化建议。根据表格的内容和结构，提供优化建议，包括公式优化、数据格式调整等，帮助用户提高表格的质量。

学习单元 3　WPS 演示

WPS 演示由金山软件公司开发,是一款功能强大、用户友好的演示文稿制作软件。WPS 演示凭借其高效、灵活和兼容性强的特点,成为用户制作演示文稿、进行信息展示和演示报告的首选工具之一。

一、WPS 演示文稿的编辑功能

WPS 演示提供丰富的编辑功能,满足用户多样化需求。以下是一些主要功能及其操作方法。

1. 幻灯片设计与布局

(1) 幻灯片模板。提供多种内置模板,用户可以选择适合自己需求的模板快速创建演示文稿。模板设计专业、风格多样。

(2) 主题与配色方案。内置多种主题和配色方案,用户可以一键应用到整个演示文稿中,保持视觉一致性和美观度。

(3) 幻灯片布局。支持多种布局选项,包括标题幻灯片、内容幻灯片、图表幻灯片等,帮助用户合理安排幻灯片内容。

幻灯片设计与布局工具栏如图 4-9 所示。

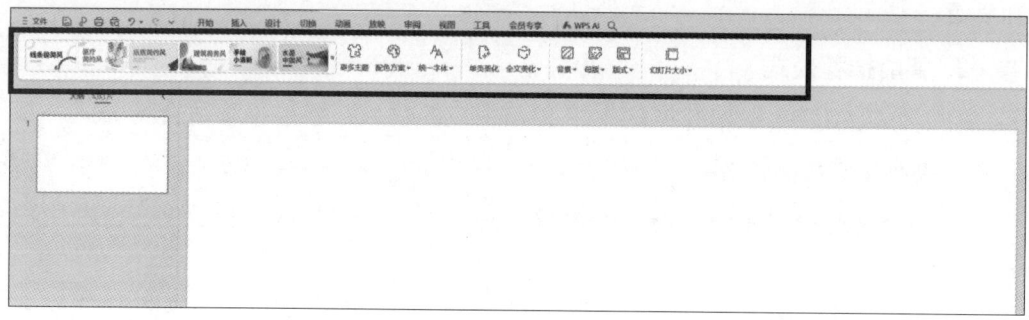

图 4-9　幻灯片设计与布局工具栏

2. 文本与多媒体插入

(1) 文本编辑。提供丰富的文本编辑工具,包括字体选择、字号调整、颜色设置、段落对齐等,用户可以根据需要美化文本内容。

(2) 图片与视频插入。支持插入多种格式的图片和视频,用户可以调整图片和视频的大小、位置等,使演示文稿更加生动。

（3）音频插入。支持插入背景音乐或旁白音频，增强演示文稿的多媒体效果。

文本与多媒体插入工具栏如图4-10所示。

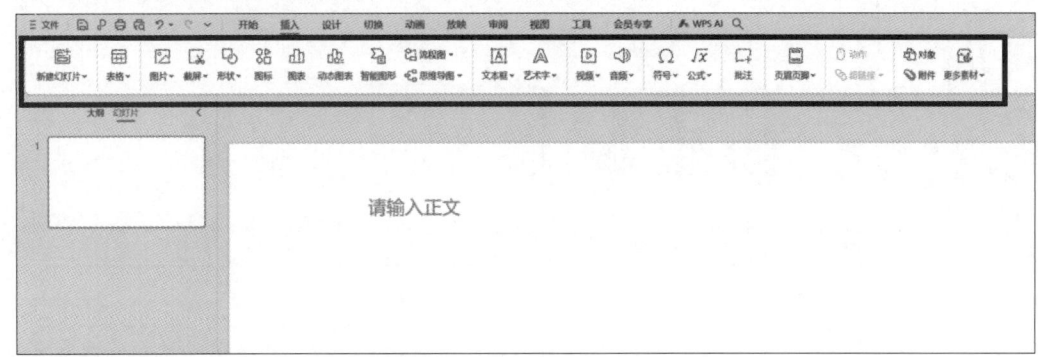

图4-10　文本与多媒体插入工具栏

3. 动画与过渡效果

（1）动画效果。提供多种动画效果，用户可以为文本、图片、图表等添加动画，使演示文稿更加生动和吸引人。

（2）过渡效果。内置多种幻灯片过渡效果，用户可以选择适合的过渡效果应用到幻灯片之间，提高演示文稿的流畅性。

动画与过渡效果工具栏如图4-11所示。

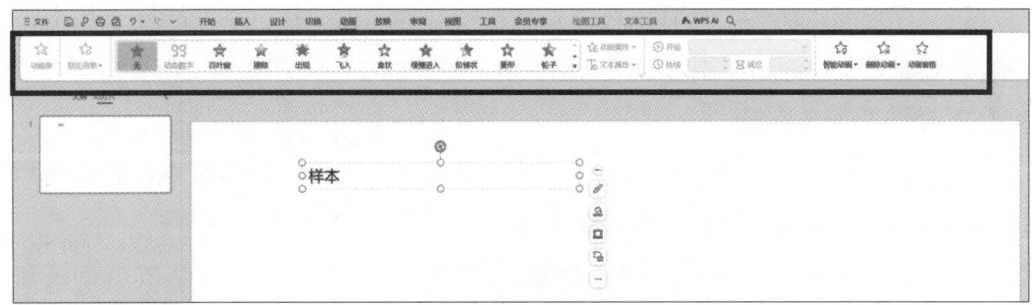

图4-11　动画与过渡效果工具栏

4. 图表与图形

（1）图表创建。支持创建多种类型的图表，包括柱状图、折线图、饼图、面积图等，帮助用户直观地展示数据。

（2）图形插入。提供丰富的图形库，用户可以插入矩形、圆形、箭头等多种图形，并进行颜色、大小、位置等调整，增强演示文稿的视觉效果。

图表与图形工具栏如图4-12所示。

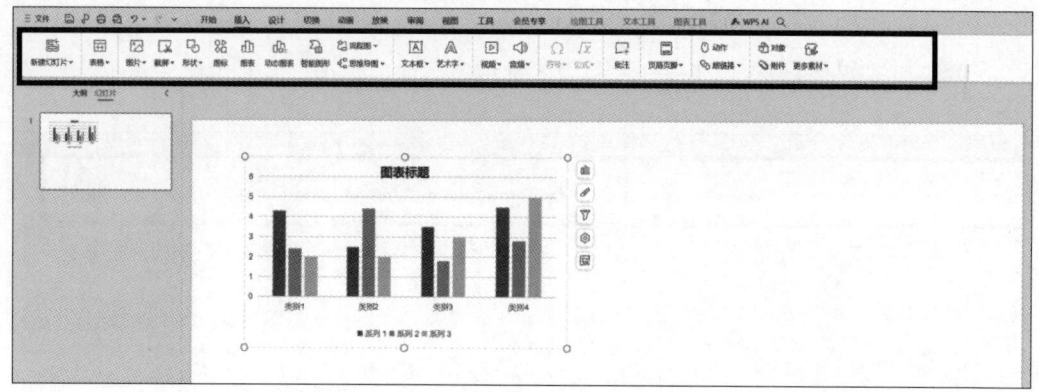

图 4-12　图表与图形工具栏

二、WPS 演示文稿的协同功能

WPS 演示文稿支持多种协同功能，使团队合作更加高效和便捷。以下是其主要的协同功能及操作方法。

1. 实时协作编辑

（1）多人同时编辑。支持多人同时编辑同一演示文稿，实时显示其他用户的编辑内容，方便团队协作。团队成员可以同时对演示文稿进行修改和调整，提高工作效率。

（2）评论与批注。用户可以在演示文稿中添加评论和批注，与团队成员交流意见和建议，确保演示文稿内容的准确性和一致性。

2. 版本控制与恢复

（1）版本历史。自动保存演示文稿的多个版本，用户可以随时查看和恢复到之前的版本，确保数据的安全和完整。

（2）更改追踪。启用更改追踪功能，记录所有修改，方便团队成员审核和确认。通过更改追踪，用户可以清晰地看到演示文稿的修改记录，提高审核效率。

3. 云端存储与共享

（1）WPS 云存储。提供云端存储服务，用户可以将演示文稿保存至 WPS 云，并随时随地访问和编辑。云存储功能使用户可以在不同设备上无缝切换，方便进行跨平台的演示文稿管理。

（2）演示文稿共享。支持通过链接、邮件等方式共享演示文稿，方便团队成员快速获取和编辑演示文稿。

三、WPS AI 在 WPS 演示文稿的应用

WPS 演示集成了生成式人工智能技术，进一步提升了用户的演示文稿制作效率。以下是 WPS AI 在 WPS 演示中的一些主要应用。

1. 智能设计建议

（1）模板推荐。根据用户提供的内容，智能推荐适合的幻灯片模板，帮助用户快速创建美观的演示文稿。

（2）布局优化。根据幻灯片内容，提供布局优化建议，帮助用户合理安排文本和多媒体元素，提高演示文稿的视觉效果。

2. 智能文本编辑

（1）自动生成文本。根据用户提供的关键词或短语，智能生成文本内容，帮助用户快速创建演示文稿。

（2）写作建议。根据上下文提供写作建议，包括句子结构、用词优化等，提升演示文稿的语言质量。

3. 智能校对与编辑

（1）语法检查。自动检测并纠正演示文稿中的语法错误，确保文本的准确性。

（2）拼写检查。提供拼写错误提示，并给出正确拼写建议，帮助用户提高演示文稿的专业性。

4. 智能总结与摘要

（1）幻灯片摘要。根据演示文稿内容自动生成摘要，帮助用户快速了解幻灯片的主要信息。

（2）关键点提取。提取幻灯片中的关键点，方便用户快速浏览和理解演示文稿内容。

职业模块 5
人工智能知识及应用

培训课程 1

人工智能基础知识

学习单元 1　什么是人工智能

自 20 世纪中叶，人工智能（artificial intelligence，AI）概念提出，至今已逾半个世纪。2016 年，随着深度学习等关键技术的突破，人工智能迎来了复兴，它不仅重塑了科技界的面貌，更成了推动全球科技革命和产业变革的核心力量。在这场由 AI 引领的变革中，科技巨头们纷纷投入巨资，建立自己的人工智能实验室，探索前沿技术，以期在这场智能革命中占据先机。与此同时，世界各地的高等教育机构也开始响应这一趋势，设立专门的人工智能专业和课程，培养未来的 AI 人才。从国家层面来看，政府不仅在政策上给予人工智能以前所未有的重视，更将其作为国家战略，推动其在各领域广泛应用。当今，人工智能无处不在，它正在成为推动社会进步的关键因素。

一、温斯顿对人工智能的定义

美国麻省理工学院的温斯顿教授认为，人工智能是研究如何使计算机做过去只有人才能做的智能工作。首先，人工智能的目标是理解和模拟人类的智能活动。这涉及研究人类认知过程的规律，包括学习、推理、感知、决策和语言理解等方面。通过对这些过程的深入研究，人工智能学者试图揭示智能的本质，并将这些发现应用于构建智能系统。其次，人工智能的一个重要方向是构建具有一定智能的人工系统。这些系统能够在特定环境中自主感知、学习和行动，以完成复杂的任务。例如，自动驾驶汽车需要实时感知周围环境，做出驾驶决策，并不断学习改进其驾驶能力。再次，人工智能还致力于探索如何使计算机完成以往需要人类智力才能胜任的工作。这包括从事复杂的计算、数据分析、模式识别和语言处理等任务。例如，在自然语言处理领域，人工智能技术使得计算机能够理解和生成自然语言，实现自动翻译、语音识别和智能对话等功能。最后，人工智能研究还包括开发模拟人类智能行为的基本理论、方法和技术。这涉及计算机软硬件的协同工作，如开发高效的算法、设计智能模型、构建大规模数据处理系统等。通过这些技术手段，人工智能系统能够处理复杂的数据和信息，做出智能化的决策。总体而言，人工智能的研究不仅仅是为了使计算机能够执行特定任务，更重要的是推动人们对人类智能的理解，并将这种理解应用于各种智能系统的开发和应用。

二、斯图尔特·罗素和彼得·诺维格对人工智能的定义

"人工智能是研究和设计智能代理的科学与工程，智能代理是能够感知其环境并采取行动以实现其目标的系统。"这个定义来源于《人工智能：一种现代的方法》，由斯图尔特·罗素和彼得·诺维格所著。他们将智能代理定义为能够感知周围环境并自主采取行动以达成既定目标的系统。这一定义为人工智能的探索提供了一个全面的框架，它不仅覆盖了传统的 AI 任务，如问题求解、规划和学习，也包括了现代应用领域，例如机器人技术、自动驾驶汽车和智能家居系统。在这一定义下，"感知"和"采取行动"的概念跨越了多个学科领域，包括但不限于计算机视觉、自然语言处理、机器人工程和控制理论。人工智能的跨学科特性要求研究者和开发者整合这些领域的深厚知识和先进技术，以赋予智能代理以高效的决策和适应能力。智能代理的目标明确性是其成功的关键，它们需要能够评估不同行动方案并优化其策略，以最大化成功的可能性。这通常涉及机器学习、强化学习以及优化算法等技术，这些技术使得智能代理能在不断变化和充满不确定性的环境中作出有效决策。他们的定义不仅对学术研究具有深远的影响，也为实际应用提供了宝贵的指导。

"人工智能是指研究、开发用于模拟、延伸和扩展人类智能的理论、方法、技术及应用系统的一门新兴技术科学。"这个定义来源于《人工智能的原理与应用》，由斯图尔特·罗素和彼得·诺维格所著。他们将人工智能定义为一门集研究与开发于一身的新兴技术科学，这门学科不仅包含了对智能行为模拟的理论研究，也涵盖了智能技术在现实世界中的具体应用。在他们的视野中，人工智能是一门跨学科的领域，它融合了计算机科学、认知科学、神经科学、数学等多个学科的精华，形成了一个多维度的知识体系。这种跨学科的特性，使得人工智能能够从不

同角度理解和模拟人类智能，从而在算法设计、计算模型构建、硬件实现以及多样化的应用场景中发挥其独特的作用。这一定义强调了人工智能的双重属性：它既是科学，也是技术。作为科学，它追求对智能本质的深刻理解；作为技术，它致力于将这些理解转化为能够解决现实问题的工具和系统。这种双重属性赋予了人工智能无限的可能性，使其在医疗、教育、金融、交通等众多领域展现出巨大的潜力和影响力。

三、人工智能的综合认知

尽管关于人工智能的定义和涵盖范围存在不同的表述，但普遍存在一个共同认知：人工智能是一个多领域技术科学，旨在模拟人类（包括智能人工系统和生物体）的某些思维过程和智能行为，如学习、推理、思考和规划等。其研究领域主要包括计算机实现智能的基本原理、开发类似于人脑智能的计算机系统，从而实现更高层次的应用。人工智能的研究跨越了计算机科学、心理学、哲学和语言学等多个学科，实际上涉及几乎所有自然科学和社会科学领域。因此，人工智能的范围已经超出了传统计算机科学的界限。它与思维科学的关系既包括理论层面的研究，也包括实践层面的应用，人工智能可以被视为思维科学的技术应用分支。从思维的角度来看，人工智能不仅限于逻辑思维，还需要关注形象思维和灵感思维，以推动其突破性发展。数学作为多种学科的基础科学，人工智能学科也必须借助数学工具。数学不仅在标准逻辑、模糊数学等领域发挥作用，还对人工智能的发展起到促进作用。数学与人工智能的结合将促进它们的相互发展，从而加速人工智能领域的进步。

学习单元2 人工智能技术的意义与影响

一、人工智能技术的意义

科技发展推动了社会的前进和人类进步，第一次工业革命中蒸汽机的发明和改进，将人类推进到了蒸汽时代，社会生产力得到极大发展；第二次工业革命中电力的应用使人类进入电气时代；第三次科技革命中电子计算机的发明应用以及信息技术的应用，使人类进入了信息时代；第四次工业革命正在悄然发生，这就是以人工智能（artificial intelligence）、大数据（big data）等技术为主的智能化时代，人工智能技术已经深入人类经济、社会生活的方方面面，正深刻改变着人们的生产、生活方式，甚至已经成为影响人类发展、社会进步和国家竞争力的重要核心技术之一。自1956年人工智能这一概念首次被提出以来，由于受制于算法、硬件、存储、运算速度等多方面，AI在这六十多年间的发展几经起伏。随着技术的突破、信息基础设施等条件完备，21世纪初以来，以深度学习为代表的机器学习算法在机器视觉和语音识别等领域取得了巨大成功，识别准确性大幅提升，使人工智能再次受到学术界和产业界的广泛关注。

人工智能技术作为新一轮产业变革的核心驱动力，不但能将人从枯燥乏味的工作当中释放出来，提高人类工作效率，让人类从事更加有价值的工作，而且在医疗、电力、经济政治决策、工业控制系统、仿真系统、自动驾驶等诸多领域上面得到更广泛的应用，极大提升了生产效率。因为人工智能自动化、智能化、精准化的特点，能帮助人类在一些危险领域中进行工作监测，降低生产活动中的危险性，主动做出决策，助力提升社会治理能力和水平，同时保障公共安全。

人工智能技术是未来发达国家在新一轮国际竞争中掌握话语权的关键战略技术，世界各国都在积极关注和推进人工智能领域研究，围绕人工智能发展制定了相应的国家战略和政策。人工智能技术已经被公认为引领未来、重塑传统行业结构的前沿性、战略性技术，积极推动人工智能发展及应用，注重人工智能人才队伍培养，这也将是未来我国发展的重要历史机遇。

二、人工智能技术的影响

人工智能是通过赋予机器感知和模拟人类思维的能力，使机器达到甚至超越人类的智能，是对人类智能及其生理构造的模拟。无论是辅助人类工作、还是在某些方面代替人类生产，毫无疑问人工智能技术都已对人类及其未来产生了深远的影响，包括就业、文化、经济、社会、伦理道德等方面。

1. 人工智能技术对就业的影响

近年来，关于"人工智能失业论"的观点与探讨不绝于耳。人工智能最大的特点是其能够提高生产效率，这在一定程度上可能会导致部分人失业；但从历史的发展轨迹来看，新技术的出现虽会使相关职业、岗位减少，但却会催生更多与之相关的职业，正如人工智能训练师就是在此背景下诞生的新兴职业。

2. 人工智能技术对文化生活的影响

在人工智能应用背景下，人们的文化生活发生一定的转变。例如，对于一些问题、知识、新闻、学习课程等，人们不用打字，只需通过计算机与手机客户端"说话"，就能获得想要的内容。智能化正在改变人们的文化生活，良好的交互性使生活更加方便。人们更多地接触如扫地机器人、物流智能分拣机器人、智能家居等人工智能产品，这使人们的生活方式、思维方式与观念不断转变，生活方式更趋智能化，思维方式更加灵活和多元化。在人工智能影响下，越来越多的人产生重视灵活、快捷、现代生活方式的观念。

3. 人工智能技术对经济的影响

人工智能作为一种新兴技术，正在释放科技革命和产业变革积蓄的巨大能量，深刻改变着人类生产生活方式和思维方式，对经济发展、社会进步等方面产生重大而深远的影响。世界各地都高度重视人工智能的发展，我国也把新一代人工智能作为推动科技跨越发展、产业优化升级、生产力整体跃升的驱动力量。

4. 人工智能技术对社会的影响

人工智能推动形成不同的技术社会形态。在信息社会中，信息、知识成为重要的生产力要素。在技术变革的影响下，人与人、人与自然、人与机器的关系，乃至人本身都在发生变化。技术变革引起社会结构重构。技术变革引起技术、经济和社会关系不断变化。根本原因是新技术的出现使一部分人受益，而另一部分人受损。以人工智能发展为例，未来以是否能够掌握人工智能技术、享受人工智能红利为界，社会群体可能被分化为"人工智能"和"非人工智能"两个层面，并对个人的发展、财富的分配影响巨大。人工智能技术的差距也可能拉大这两个群体之间的差距。

5. 人工智能技术对伦理道德的影响

人工智能技术因其类人研究的出发点而不同于其他技术，虽说技术的应用带来了很多便捷，但也对传统的伦理道德形成巨大的挑战，例如，自动驾驶技术虽在技术上已基本实现，但由于人类在驾驶安全、驾驶道德等诸多方面存在分歧，导致全面推广具有一定的难度。此外，人工智能的另一大核心要素是数据，人类对自身的隐私极其敏感，人工智能技术想在一些商业领域或个人服务领域取得进一步的进展，隐私安全的挑战将是最大的问题。

学习单元3　人工智能技术及其理论的发展历史

一、人工智能技术的发展历程

人工智能的发展始于20世纪50年代，至今大致经历了三个阶段。

第一阶段（20世纪50—80年代）。1950年计算机科学之父阿兰·图灵提出了著名的图灵测试，用以定义机器智能的标准，1956年夏，麦卡赛、明斯基、罗切斯特和申农等一批年轻而有远见的科学家相聚，共同研究和探讨用机器模拟智能的相关问题，并首次提出了"人工智能"这一术语，标志着"人工智能"这门新兴学科的诞生，随之掀起了人工智能的第一次发展浪潮。

这一阶段人工智能刚诞生，基于抽象数学推理的可编程数字计算机已经出现，符号主义快速发展，1959年，阿瑟·塞缪尔提出了机器学习这一概念，机器学习将传统的制造智能演化为通过学习能力来获取智能，基于此，科学家们开发出计算机可以解决代数应用题、证明几何定理、学习和使用英语的程序，还研发出第一款感知神经网络软件和聊天软件。然而，由于很多事物不能形式化表达，建立的模型存在一定的局限性，且随着计算数量日益增加，人工智能的发展遇到了第一个瓶颈。

第二阶段（20世纪80—90年代末）。这一时期内，解决特定领域问题的"专家系统"AI程序开始被全球众多公司采用，AI开始走向实用，AI技术也开始不断实现产业化及场景化。20世纪80年代中期，美国、日本立项支持人工智能研究，以知识工程为主导的机器学习方法取得发展，出现了具有更强可视化效果的决策树模型和突破早期感知机局限的多层人工神经网络，人工智能发展迎来第二次发展高峰，其中，IBM公司"深蓝"电脑战胜人类国际象棋世界冠军更是人工智能技术的一次精彩展示。

在这一阶段，专家系统得到快速发展，数学模型有重大突破，知识库系统和知识工程成为AI研究的主要方向，Hopfield神经网络和反向传播算法被提出也是此阶段的标志事件。然而，由于专家系统存在知识获取、推理能力不足、开发成本较高难以大规模推广等原因，人工智能发展遇到了第二个瓶颈。

第三阶段（21世纪初至今）。随着AI技术日益成熟、计算能力提升、基础建设完善、理论算法革新，人工智能在诸多应用领域取得了突破性进展。2006年，在杰弗里·辛顿和他的学生的推动下，深度学习开始备受关注，对后来人工智能的发展产生了重大影响；2010年起，人工智能进入爆发式的发展阶段，最主要的驱动力是大数据时代的到来，运算能力及机器学习算法得到提高；2011年IBM Watson计算平台打败人类高手；2012年，谷歌大脑通过模仿人类大脑在没有人类指导的情况下，从大量视频中成功学习到识别出一只猫的能力；2014年，亚马逊率先推出智能音响Echo；2015年，微软深层神经网络技术取得突破；2016年，国内人工智能语音技术的识别准确率取得重大进展；2017年，谷歌AlphaGo机器人在围棋比赛中击败了世界冠军，苹果公司在原有个人助理Siri的基础上推出了智能私人助理Siri和智能音响HomePod；2018年，谷歌发布BERT预训练模型，标志着自然语言处理领域再次取得重大突破；2019年阿里巴巴、华为分别发布AI芯片；2020年，OpenAI发布语言模型GPT-3；2021年，寒武纪AI芯片实现量产。

此外，与人工智能息息相关的互联网、云计算、大数据、硬件芯片等领域的发展，为人工智能的突破提供了充足的数据和算力支撑。全球发达国家对人工智能领域的科学技术研究和产业发展的高度重视，不仅意识到人工智能是新一轮经济竞争的核心驱动力，也意识到高端人才对推动技术突破和创造性应用的关键作用。以"人工智能+"为代表的业务创新模式和产业日趋成熟，政府、高校、企业各方积极投入人工智能的发展和应用中，使人工智能相关技术不断取得巨大进步，全球人工智能发展正式进入第三次发展浪潮。

二、人工智能技术理论发展的三个阶段

人工智能是研究人类智能行为规律，如学习、计算、推理、思考、规划等，从其发展历史来看在理论发展方面，目前较流行的分法是将其发展目标分为弱人工智能和强人工智能两类。强弱之分并非中文意义上"强""弱"之间的对立之关系，其本质是在人工智能发展过程中，不同的技术学派对于人工智能达成任务的期望差异。

弱人工智能理念源自麻省理工学派，认为人工智能类似"高级仿生学"，能够独立或辅助完成人类和生物在某一个领域的任务，但不在意机器是否使用与人类相同的方式执行任务，其行动均由程序设计者编写的程序驱动。如出现特殊情况，由程序设计者做出对应的方案，再由机器判断是否符合条件并按符合的条件执行，只要机器能取得令人满意的实际解决问题效果就视其为智能行为。例如，以语言识别、图像识别等技术为主的对话机器人、人脸识别软件，它们以类似于人类的

方式执行任务，并达到令人满意的实际解决问题的效果，就属于弱人工智能的范畴。这也说明当前人工智能正处于缺乏自主意识的阶段，人工智能主要用于取代机械和体力劳动。

强人工智能的观点主要来自卡内基梅隆学派，该观点认为人类有可能制造出能进行自我推理和解决问题的智能机器，这种人造机器有知觉和自我意识。执行系统需要基于模仿人类思考、行为的方式来达成效果的才被认为是智能的，即会像人类一样思考和推理。在这种强人工智能的观念中，机器的思考有可能与人类相似，也可能产生完全不同于人类的知觉和意识，构建出一套不同于人类思维的推理方式。

从应用的角度，人工智能理论又可分为运算、感知和认知三个阶段。

1. 运算智能

这一阶段体现为快速计算和记忆存储能力。人工智能所涉及各项技术发展不均衡，运算能力和存储能力是现阶段计算机最主要的优势。1996年IBM的深蓝计算机战胜了当时的国际象棋冠军卡斯帕罗夫，从此，人类在强运算型的比赛中已难以战胜机器了。

2. 感知智能

感知智能是指机器通过"视觉""听觉""触觉"等感知能力与外界进行交互的能力。比如自动驾驶汽车就是通过激光雷达等感知设备和人工智能算法来实现感知智能的。机器可以进行主动感知，如通过激光雷达、微波雷达和红外雷达等手段，在充分利用深度神经网络和大数据成果的基础上，机器在感知智能方面越来越接近于人类。

3. 认知智能

通俗讲是"能理解会思考"。推理、观念等都是人类认知智能的表现。以人工智能技术为核心的产品也是基于这样的认知层次。第一种类型是处理信息输入和输出。在此状况下，机器得到输入，就可以准确地进行相应的输出。像人脸识别、图像识别等技术，"输入"就能得到"输出"，在这一领域机器未来可以完全替代人工。第二种类型是基于知识进行思维判断的工作。这一领域目前是人机耦合的协同工作状态，如智能在线机器人辅助人工，为人工客服进行赋能。第三种类型是从事创意和想象力的工作。如今的机器可以作图、作曲、写诗，但这些都是编码产出的成果，尚未达到真正的艺术水准。机器能够替代大量简单劳动，将人力解放去从事更加有价值工作，这是人工智能发展的未来趋势。阿里巴巴达摩院发布"十大科技趋势"报告中指出,人工智能已经在"听、说、看"等感知智能领域达到或超越了人类水准,但在需要外部知识、逻辑推理或者领域迁移的认知智能领域还处于初级阶段。综上,当前人工智能技术主要集中于感知智能阶段,利用大量的数据分析,更好地完成预设任务,未来人工智能的突破将集中于认知智能与应用场景的结合。

培训课程 2　人工智能产品和应用

学习单元 1　人工智能产品三大核心要素

在人工智能技术的推动下，各行各业的智能产品不断涌现，新的应用场景持续开拓，赋予传统行业以新的活力。一些企业甚至实现了全面智能化，这背后的驱动力是企业希望在提供更便捷服务的同时，持续提升运营效率，优化生产流程。目前，人工智能技术已经在极大程度上助力企业提高生产效率、释放潜能，推动"人工智能+"业务模式和产业趋势走向成熟，但"AI+"并非简单地将人工智能与传统产品相加。对企业而言，产品是与用户进行价值交换的媒介，而人工智能则是提升这一交换效率的手段。例如，智能对话机器人通过自然语言处理技术，能够自动与客户进行交流，降低企业成本，提高盈利能力；自动驾驶技术则是智能视觉和决策技术的综合应用，它能够在减少人工干预的同时，为客户提供更智能的驾驶体验，增加企业与客户之间的价值交换。

随着人工智能技术与更多生产活动场景的融合，智能服务产品层出不穷。在实际应用中，有些产品成功落地并取得了显著成效，而另一些则未能达到预期，后者往往是对人工智能产品的理解不足所致。要深入理解人工智能产品，关键在于把握其三大核心要素：数据、算法和计算能力，这三大核心要素共同构成智能产品的基础。

一、数据是 AI 算法的"营养源"

在当今时代，数据无处不在，无论是语音、文本还是图像，都是 AI 算法的"营养源"。在机器学习领域，监督学习和半监督学习都需要依赖经过标注的数据来训练模型。根据数据类型的不同，人工智能产品可以分为几类：文本类，如聊天机器人、自动翻译器、智能诊断助手；语音类，如语音识别系统、智能助手、自动拨号机器人；图像类，如面部识别系统、自动驾驶技术、图像追踪定位设备等。

1. 文本数据

文本数据是指由字符、单词、句子和段落组成的数据集，常以文本文件、网页、电子书、社交媒体帖子、电子邮件等形式存在。在人工智能领域，文本数据是自然语言处理的基础，涉及对人类语言的理解和生成。对文本数据的处理和分析可以帮助机器理解语言的含义、情感、意图等，从而实现更智能的交互和决策。在人工智能产品中，文本数据常具有以下两个特点。

（1）多样性。文本数据可以包含多种语言、方言、俚语和专业术语。选择数据集的语言应基于模型的训练目标和目标受众。例如，若要开发一个针对中国保险行业、向全中国消费者推广保险产品的销售机器人，在收集文本数据时，就应专注于中文文本，而非英语或其他语言。仍以保险销售机器人为例，如果业务目标变为专门服务于中国的老年群体，就要考虑语言的地域差异。因为许多老年人可能不擅长普通话，所以在训练机器人模型时，可能需要收集特定地区的方言文本数据，以更好地适应和服务这一特定用户群体。总之，数据集的语言选择必须与模型的应用场景和用户需求紧密相连，确保模型能够准确理解和回应目标用户的语言习惯和偏好。精心选择和准备数据集可以提高模型的性能和用户体验，从而更有效地实现业务目标。

（2）复杂性。文本数据中可能存在多义词、歧义、隐喻和情感色彩。多义词使得单一词汇在不同上下文中可能具有多种含义。为了使 AI 模型能够准确识别和理解这些词汇的不同含义，需要在训练过程中提供丰富的上下文信息，以帮助模型理解同一词汇在不同情境下的具体含义。此外，歧义词、隐喻以及带有情感色彩的词汇同样需要在训练时通过提供多样化的语境来增强模型的理解和识别能力。借助这样的训练方法，AI 模型能够深入地理解语言的细微差别，从而在实际应用中提供更准确和自然的交互体验。

2. 语音数据

语音数据是由人声产生的声波，通过麦克风等设备捕捉后转换成的数字信号。在人工智能领域，语音数据指的是由人类语音产生的音频信号，其中包含语言、情感、语调和其他声音特征。语音数据常常具有以下 4 个特点。

（1）连续性。语音数据不同于文本数据，它是连续的信号，需要特定的算法来处理。在选择数据集时，必须确保所选的语音数据样本完整，不能只截取片段。因为不完整的数据可能导致数据质量下降，不利于训练出性能优良的人工智能模型。要获得高质量的训练结果，必须使用全面且具有代表性的语音数据，以确保模型能够准确学习并理解语音的各种特征和细微差别。

（2）噪声敏感性。语音数据易受到背景噪声和其他声音干扰。因此，在挑选数据集时，应优先选用背景噪声较低的语音数据。对于难以获取低噪声数据的特定行业，可以考虑自行设置一个受控环境采集所需的数据，或者对含有高噪声的数据进行有效的预处理，以确保数据集的质量，从而为训练高效能的 AI 模型奠定坚实基础。

（3）个体差异性。不同人的语音特征（如音调、语速、口音）存在明显差异。构建 AI 模型时，应根据目标用户群体的特点来选择相应的语音特征。例如，如果 AI 模型旨在为老年人提供服务，就应挑选语调较低、语速较慢且发音清晰的语音数据，以减少老年人理解上的困难，确保语音识别系统更贴合老年用户的需求，提高他们的使用体验和满意度。

（4）情感表达性。语音可以表达情感和语调，这对某些应用（如情感分析）非常重要。在开发用于识别用户态度或情感场景的 AI 模型时，应在模型构建过程中纳入含有情感色彩的语气词和句子。这样的训练数据能帮助模型学会辨识和理解用户的不同情感状态，比如高兴、悲伤、愤怒或满意等。通过这种方式，模型能够更准确地捕捉用户的语气和情感，从而提供更加个性化和富有同理心的服务。

3. 图像数据

图像数据是由像素组成的数字信息，这些像素通过不同的排列和颜色值来表示图像中的物体、场景或图案。在人工智能领域，图像数据是计算机视觉和图像处理任务的基础。它可以是自然场景的照片、人造物体的图片、医学影像、卫星图像等。每个图像由成千上万的像素点组成，每个像素点具有特定的颜色值，通常是红色、绿色和蓝色（RGB）的组合。图像数据有以下 4 个特点。

（1）高维度性。图像数据通常具有非常高的维度，每个像素点都可能包含颜色信息，致使数据量巨大。图像数据的高维度性指的是图像在数字化过程中形成的庞大数据集。以一张标准的高清图片为例，它可能包含数百万像素，每个像素由三个颜色通道（红、绿、蓝）组成，这样一张图片就包含了数百万的数据点。这种高维度性使得图像能够提供丰富的视觉信息，但也意味着需要高效的算法来处理和分析这些数据，以避免所谓的"维数灾难"，即随着数据维度的增加，数据分析的难度和所需的计算资源呈指数级增长。

（2）噪声敏感性。图像可能包含噪声，如随机的像素变化，这可能影响图像分析的准确性。图像在捕获、传输或存储过程中可能会受到噪声的干扰。噪声可能来源于传感器的不完善、环境因素或图像压缩等。这些随机的像素变化会模糊图像细节，降低对比度，甚至引入误导性的特征。因此，图像分析算法需要具备一定的鲁棒性，能够识别和过滤噪声，以确保分析结果的准确性。在某些情况下，可能还需要预处理步骤来减少噪声的影响。

（3）空间结构性。图像中的对象具有空间上的排列和组织，这要求模型理解空间关系。图像中的对象不仅仅是孤立存在的，它们之间存在空间上的排列和组织。例如，在风景图片中，树木可能位于山的前面，而山又位于天空的下方。这种空间关系对于理解图像内容至关重要。人工智能模型，特别是卷积神经网络，能模拟人类视觉系统的工作原理，捕捉图像中的空间层次结构，从而识别和理解图像中的物体及其相互关系。

（4）计算复杂性。由于图像数据的高维度性和丰富性，图像处理和分析任务通常需要大量的计算资源。在处理高分辨率图像或进行复杂的图像分析（如图像识别、目标检测或图像分割）时，计算需求尤为显著。这不仅涉及大量的数据运算，还包括复杂的数学模型和算法。因此，高效的硬件和优化的软件算法对于图像处理任务至关重要，以确保处理速度并降低延迟。

4. 视频数据

视频数据是由连续的图像帧组成的序列，这些帧以一定的时间间隔播放，从而形成动态视觉内容。在人工智能领域，视频数据是视频处理和分析任务的核心。它包括自然场景录像、体育赛事转播、监控摄像记录、电影和电视节目片段等。每个视频由成千上万的帧组成，每一帧实际上都是一幅静态图像，但由于时间维度的加入，视频数据比图像数据更为复杂。视频数据有以下5个特点。

（1）时空复杂性。视频数据不仅包含每一帧的空间信息，还包含帧与帧之间的时间关系。时空复杂性是指视频数据在时间和空间两个维度上的复杂性。视频数据不仅需要捕捉单个帧内的细节，还需要考虑帧之间的变化和关联。例如，在一个动作场景中，不仅需要识别出每一帧中的人物和物体，还需要理解这些人物和物体在时间上的运动和交互。这种时空复杂性使得视频数据的处理和分析任务更加复杂，需要更强大的模型和算法来解码和解读视频内容。

（2）数据量庞大性。由于视频由大量帧组成，其数据量远大于单个图像。视频数据的庞大数据量来源于其高帧率和高分辨率。以每秒 30 帧的高清视频为例，每秒钟的视频数据量可达数百兆字节，这使得存储、传输和处理视频数据都需要大量的资源。视频数据量的庞大性不仅对存储设备提出了要求，还需要高效的压缩算法和流媒体技术来降低带宽消耗。同时，处理大规模视频数据也需要强大的计算能力，以确保实时性和高效性。

（3）信息冗余性。相邻帧之间通常存在大量相似的信息，这为视频压缩和高效处理提供了可能。信息冗余是指视频数据中相邻帧之间的重复信息。例如，在一个静止的背景中运动的人物，背景在连续的帧之间基本保持不变，而只有人物的部分在变化。这种冗余信息可以通过视频压缩算法来去除，从而大大减少视频数据的存储和传输需求。此外，利用信息冗余还可以优化视频处理算法，减少计算开销，提高处理效率。

（4）运动信息性。视频数据中包含物体的运动信息，这对于动作识别和跟踪任务非常重要。运动信息是指视频帧中物体随时间的变化和移动。例如，在监控视频中，识别和跟踪移动的目标物体是视频分析的重要任务。运动信息不仅帮助识别物体的动态特征，还能揭示其行为模式和运动轨迹。提取和分析运动信息需要专门的算法，如光流法和动作识别模型，这些算法能够捕捉帧间的细微变化，从而实现对视频内容的深度理解。

（5）高计算需求性。处理视频数据需要大量的计算资源，特别是在实时处理和高分辨率视频的情况下。高计算需求来源于视频数据的高维度性和复杂性。视频处理任务，如视频编码、解码、识别、跟踪和分割，通常需要复杂的算法和大量的计算。这不仅涉及每一帧的处理，还需要对帧间的时间关系进行建模和分析。因此，高性能的硬件和高效的软件算法对视频处理至关重要，以确保处理速度和实时性能。

二、算法是 AI 的"核心驱动力"

AI 算法是基于数据的算法，是推动 AI 发展的"核心驱动力"。不同的算法组合在一起，构建出各种智能产品。自然语言处理是计算机科学和人工智能领域的关键方向，它研究如何实现人与计算机之间使用自然语言进行有效交流。机器翻译、机器阅读理解和语义理解等技术可以共同构建一个完整的智能对话系统。下面将介绍三种不同的 AI 算法分类方式。

1. 学习方式分类

学习方式分类（见表5-1）是指按照AI算法学习和训练的方式进行的分类方法。

表5-1 学习方式分类

类别	说明	适用场景	举例
监督学习	基于已标注数据进行训练，目标是学习从输入到输出的映射关系	需要大量标注数据，主要用于分类和回归问题	线性回归、逻辑回归、支持向量机、决策树、随机森林
无监督学习	基于未标注数据进行训练，目标是发现数据中的结构和模式	不需要标注数据，主要用于聚类、降维和异常检测	K均值聚类、主成分分析、关联规则学习
半监督学习	结合了少量标注数据和大量未标注数据进行训练，目标是提高模型性能	结合监督和无监督学习的优点，适用于标注数据昂贵或难以获取的情况	半监督SVM、半监督K均值
强化学习	通过与环境的交互，基于奖励和惩罚学习策略，目标是最大化累积奖励	适用于需要决策和行动的场景，如机器人控制和游戏	Q学习、深度Q网络

2. 模型复杂度分类

模型复杂度分类（见表5-2）是指按照AI算法模型的复杂程度进行分类的方法。

表5-2 模型复杂度分类

类别	说明	适用场景	举例
线性模型	假设输出变量与输入变量存在线性关系，模型简单，易于解释	适用于在数据中，输入变量与输出关系较为简单的情况，计算效率高	线性回归、逻辑回归
非线性模型	可以捕捉输入和输出之间的复杂关系，通常性能较好，但解释性较差	能处理复杂的非线性关系，但训练时间较长，模型难以解释	神经网络、支持向量机
集成模型	将多个基学习器组合在一起，目标是提高模型的泛化能力和鲁棒性	通过组合多个模型来提高性能和鲁棒性，通常具有更好的预测准确性	随机森林、梯度提升树、Adaboost

3. 数据处理方式分类

数据处理方式分类（见表 5-3）是指按照 AI 算法处理和分析数据的方式进行分类的方法。

表 5-3 数据处理方式分类

类别	说明	适用场景	举例
基于样本的算法	处理和分析原始数据样本，常用于数据预处理、降维等任务	直接处理数据样本，适用于需要从数据中提取模式和结构的任务	K均值聚类、主成分分析
基于特征的算法	关注从数据中提取和选择特征，常用于特征工程和特征选择	侧重于特征的提取和选择，适用于提高模型性能和简化数据表示	特征选择算法、特征提取算法
基于图像的算法	专门处理图像数据，目标是从图像中提取信息和特征	专门用于图像数据处理，适用计算机视觉和图像识别任务	卷积神经网络（CNN）、图像分割算法

三、计算能力是 AI 的"基础设施"

AI 的计算能力是支撑算法和数据的基础设施，其强弱直接影响了数据处理的能力并对 AI 的发展起决定性作用。计算能力主要来源于芯片，经基础软件优化后实现在终端应用上的高效运行。AI 芯片作为计算能力的核心，其性能直接影响着 AI 产业的进步。从应用角度来看，AI 芯片本身也是一种智能产品，根据应用和功能，AI 算力主要可以分为以下三类。

基础算力：这类算力通常指通用的计算能力，不特定于任何应用，可以被广泛应用于各种计算任务。基础算力的硬件设施主要包括元器件、信息与通信技术（ICT）基础设施、其他硬件设备等。

智能算力：智能算力是指专门为人工智能任务优化的计算能力，通常涉及高性能计算设备，如图形处理单元（GPU）或特定的 AI 芯片。这类算力强调使用专门为人工智能算法优化的硬件加速器，能提供更高的计算性能。

超算算力：超算算力通常指高性能计算（HPC）所使用的算力，主要用于处理复杂的科学计算和工程模拟。超算算力规模的估算主要是基于全球超级计算机 TOP500 数据，并参考超算生产商的相关数据。

这三类 AI 算力应用的区别见表 5-4。

表 5-4　AI 算力应用的区别

对比项目	AI 算力类型		
	基础算力	智能算力	超算算力
硬件设施	元器件、ICT 基础设施、其他硬件设备等	GPU、AI 芯片等	超级计算机及相关硬件设备
应用场景	适用于各种通用计算任务	主要用于 AI 任务，如深度学习、机器学习等	主要用于科学研究、工程设计、气候模拟等需要大规模计算的任务
性能特点	性能均衡，适用于广泛的应用场景	高计算强度，优化 AI 算法的计算模式，提供更高的计算性能	高并行处理能力，能够执行多任务并行计算，具有极高的计算速度和处理能力
代表企业	涉及广泛的 ICT 基础设施供应商，如服务器、存储设备制造商等	芯片/器件领域，代表性企业有英特尔、英伟达等；服务器领域，代表企业有浪潮电子等	超算领域，通常由专业的 HPC 解决方案提供商或研究机构主导

1. 基础算力的特性及应用示例

基础算力不特定于任何应用领域，广泛应用于各种需要计算资源的场景，是信息技术领域中不可或缺的一部分。虽然它可能不具备针对特定任务（如 AI 算力或超算算力）的优化，但其通用性和灵活性使其成为许多场景下的理想选择。随着技术的发展，基础算力也在不断提升，以满足日益增长的计算需求。以下是基础算力的特性（见表 5-5）及其应用示例（见表 5-6）。

表 5-5　基础算力的特性

特性	描述
通用性	适用于广泛的计算任务和应用场景
灵活性	容易适应不同的计算需求和工作负载
可访问性	通常容易获取，广泛应用于个人电脑和服务器
成本效益	对于非专业计算任务，成本相对较低
集成度	常见于各种电子设备和系统中

表5-6 基础算力的应用示例

序号	应用领域	应用示例	作用与优势
1	个人计算	家用电脑、笔记本计算机日常使用	满足日常计算需求，如文档编辑、网页浏览、邮件处理
2	办公自动化	企业资源规划	支持企业日常运营的数据处理和管理
3	教育	在线学习和研究	提供计算工具，辅助教学和学术研究
4	内容创作	图像编辑、视频制作	支持多媒体内容的创作和编辑
5	网络服务	Web服务器、邮件服务器	提供网站托管、电子邮件等网络服务
6	数据管理	数据库管理	存储、检索和管理大量数据
7	游戏	休闲游戏、策略游戏	提供游戏逻辑处理和图形渲染所需的计算能力
8	软件开发	编程、编译、测试	支持软件开发中的各种计算任务
9	轻量级分析	报表生成、数据可视化	进行数据的简单分析和可视化展示

2. 智能算力

智能算力通常借助图形处理单元（GPU）、张量处理单元（TPU）、神经网络处理器（NPU）等专用芯片加速机器学习算法和深度学习模型的训练与推理。智能算力是推动当前人工智能发展的关键因素之一，它通过提供强大的计算支持，使复杂的AI模型和算法得以实现和应用。随着AI技术的不断进步，智能算力的需求也在不断增长，特别是在需要处理大量数据和进行复杂计算的场景中。以下是智能算力的特性（见表5-7）及其应用示例（见表5-8）。

表5-7 智能算力的特性

特性	描述
专用硬件	使用专门为AI任务优化的芯片和处理器
高并行性	能够同时处理大量计算任务，适合深度学习中的矩阵运算
效率高、效果好	相比通用CPU，通常在执行AI任务时效率更高、效果更好
快速推理	加速模型的推理过程，提供实时或近实时的响应
可扩展性	支持从单个芯片到大规模分布式计算集群的扩展
软件支持	通常有配套的软件框架和工具链，如TensorFlow、PyTorch等

表 5-8 智能算力的应用示例

序号	应用领域	应用示例	作用与优势
1	机器学习	模型训练与参数调优	提供高效的计算能力,加速模型训练过程
2	计算机视觉	图像识别、视频分析	快速处理图像和视频数据,进行对象检测和分类
3	自然语言处理	语言翻译、情感分析	理解、处理和生成人类语言
4	语音识别	语音转文字、命令识别	实现实时语音识别和处理
5	推荐系统	个性化推荐、广告投放	分析用户行为,提供定制化推荐
6	自动驾驶	车辆感知、决策制定	实时处理传感器数据,支持自动驾驶车辆的导航和控制
7	机器人技术	机器人导航、人机交互	使机器人能够理解环境并进行自主决策
8	医疗影像分析	疾病诊断、病理分析	辅助医生进行更准确的诊断
9	药物发现	分子筛选、药物设计	加快新药的研发速度
10	边缘计算	物联网设备数据处理	在数据源附近进行快速、高效的数据处理

3. 超算算力

超算算力用于执行复杂计算任务,这类算力通常由超级计算机或高性能计算集群提供,广泛应用于科学研究、工程设计、数据分析等领域。超算算力在解决科学和工程领域的复杂问题中发挥着关键作用,它通过提供强大的计算资源,使研究人员能够进行更深入的探索和更精确的模拟。随着技术的发展,超算算力的应用范围不断扩大,越来越多的领域开始利用这一强大的计算能力来推动创新和发现。以下是超算算力的特性(见表 5-9)及其应用示例(见表 5-10)。

表 5-9 超算算力的特性

特性	描述
并行处理能力	能同时处理大量计算任务,支持大规模并行计算
高计算速度	拥有极高的浮点运算速度,可达每秒千万亿次或百亿亿次
高存储带宽	需要快速的数据读写能力,以支持大规模计算任务的数据需求
高可靠性	需要高可靠性的硬件和软件,以保证长时间稳定运行
专用软件	通常需要专门的计算软件和工具,如消息传递接口 MPI(message passing interface)等
能耗管理	需要高效的能源管理系统,以应对高功耗带来的挑战

表5-10 超算算力的应用示例

序号	应用领域	应用示例	作用与优势
1	气候模拟	天气预报、气候变化研究	模拟大气和海洋的复杂动态,提供准确的预测
2	生物信息学	基因组学、蛋白质结构分析	处理大规模生物数据,加速新药研发和疾病治疗研究
3	物理模拟	核聚变模拟、粒子物理研究	模拟基本物理过程,推动基础科学研究
4	材料科学	新材料设计、性能预测	预测材料的物理和化学性质,加速新材料开发
5	工程设计	航空航天、汽车设计	进行复杂的工程模拟,优化设计和提高性能
6	金融分析	风险评估、市场预测	分析大量金融数据,提供投资决策支持
7	人工智能	深度学习、神经网络训练	提供大规模并行处理能力,加速AI模型训练
8	能源勘探	石油勘探、地质模拟	模拟地下结构,提高勘探效率和准确性
9	医学影像	医学成像、疾病诊断	处理和分析医学影像数据,辅助医生进行诊断
10	密码学	加密算法、安全协议研究	破解复杂密码,保障信息安全

学习单元 2 人工智能产品的应用层次

智能产品从逻辑上可以划分为三个主要层次:基础层、技术层和应用层。下面将详细介绍这三个层次在智能产品中的作用和重要性。

基础层:这是智能产品架构的根基,主要涉及数据的收集、存储和初步处理。数据作为智能产品的"营养源",其质量和处理方式直接影响后续算法的效果。基础层的核心任务是确保数据的准确性和可用性,从而为上层技术提供坚实的支持。

技术层:技术层位于基础层之上,主要负责算法的开发和优化。算法是智能产品的核心驱动力,通过自然语言处理、图像识别等技术,实现对数据的深入分析和理解。技术层的目标是开发出高效、准确的算法模型,为应用层提供强大的技术支持。

应用层:作为最顶层,应用层将技术层的算法和模型转化为实际的产品功能。这一层涉及如何将技术应用到具体的业务场景中,如智能对话机器人、自动驾驶汽车等。应用层的关键在于将技术与用户需求相结合，提供切实可行的解决方案，从而实现智能产品价值的最大化。

通过这三个层次的有机结合，智能产品能够实现从数据到算法再到实际应用的全面覆盖，推动人工智能技术在各个领域的广泛应用。下面从基础层、技术层和应用层阐述人工智能产品的应用。

一、人工智能在基础层的产品和应用

人工智能在基础层的产品和应用非常广泛，它们是支撑 AI 上层应用的核心技术和资源。这些基础层的产品和应用为人工智能的进一步开发和行业应用奠定了坚实的基础，推动了 AI 技术创新和应用发展。随着技术的进步，这些基础层资源将更集约、高效，有力支撑人工智能产业的高质量发展。以下介绍部分基础层关键产品和应用。

1. 智能计算集群

智能计算集群提供 AI 模型开发、训练或推理所需的算力资源，包括系统级 AI 芯片、异构智能计算服务器以及人工智能计算中心等，为 AI 应用提供强大的计算能力。如 Google 的 TPU（张量处理单元）集群，专门设计用于加速深度学习工作负载，能用于训练图像识别和自然语言处理等复杂的神经网络模型。

2. 智能模型敏捷开发工具

智能敏捷开发工具是实现 AI 应用模型生产的平台，包括开源算法框架和 AI 开放平台。它们支持语音、图像等 AI 技术能力调用，并提供高效生产平台，帮助开发人员快速构建 AI 应用模型。例如 TensorFlow Extended（TFX）是一个用于生产环境的 TensorFlow 工具包，提供数据验证、模型训练、模型评估和模型服务的全套工具，使开发者能够快速迭代和部署机器学习模型。

3. 数据基础服务与治理平台

该平台负责 AI 应用所需的数据资源生产与治理，提供 AI 基础数据服务及面向 AI 的数据治理平台。确保数据的质量和可靠性，为 AI 应用提供稳定、高效的数据支持。比如 Amazon SageMaker Data Wrangler 是一个数据准备工具，它可以帮助数据科学家清理和预处理数据，以便用于机器学习模型的训练。它提供了数据探索、数据清洗和数据转换的功能。

4. AI 芯片

AI 芯片是专门为人工智能算法处理设计的硬件，它们在智能传感器、计算设备等方面发挥作用，满足 AI 对高速、高效处理的需求。比如 NVIDIA 的 GPU（图形处理单元）被广泛用于深度学习训练和推理。其 CUDA（通用并行计算架构）平台为开发者提供了强大的并行计算能力，加速各种 AI 应用的性能。

5. 深度学习框架和工具

深度学习框架和工具是基础层的重要组成部分，为模型开发提供必要的软件支持，包括算法库、编程接口和调试工具等。例如 PyTorch 是一个流行的开源机器学习库，支持动态计算图和自动微分，使研究人员能够灵活地设计和实验新的神经网络架构。

6. 大数据服务

大数据是 AI 的基础，为算法训练和优化提供大量数据。大数据产业为 AI 提供数据采集、存储、加工和分析服务，是 AI 智能化的基础。比如 Apache Hadoop 是一个开源的大数据存储和处理框架，它能处理 PB 级别的数据，企业能借此进行大规模的数据存储、分析和检索。

7. 基础数据服务标准

规范人工智能研发、测试、应用过程中涉及的数据服务要求，包括数据采集、数据标注、数据治理、数据质量等标准。例如 ISO/IEC 20546：2019 是关于大数据技术的标准，它定义了大数据的术语、概念和架构。这些标准帮助企业理解和实施大数据解决方案。

8. 智能传感器标准

规范新型传感器的接口协议、性能评定、试验方法等技术要求，为 AI 应用提供准确感知能力。例如 IEEE 1451 是一系列智能传感器网络的标准，定义了传感器的通信协议和数据格式，使得不同制造商的传感器能够在同一系统中协同工作。

9. 算力中心标准

规范面向人工智能的大规模计算集群、新型数据中心的技术要求和评估方法，为 AI 提供必要的算力支持。如 Open Compute Project（OCP）是一个开放硬件开发项目，旨在重新设计数据中心硬件以提高能效和性能。OCP 标准促进了数据中心硬件的创新和标准化。

10. 系统软件和开发框架的协同

软硬件协同标准确保软件应用能充分利用硬件性能，包括智能芯片与开发框架的适配、任务调度和分布式计算的协同性能。例如 CUDA 和 cuDNN（NVIDIA 的深度神经网络库）的结合，使得 NVIDIA 的 GPU 能够高效地执行深度学习算法。

这种软硬件协同优化了 AI 应用的性能。

二、人工智能在技术层的产品和应用

人工智能的技术层构建在基础层之上，包含了一系列核心技术和算法，为开发复杂的 AI 应用提供工具和方法。这些技术层的产品和应用展示了人工智能借助各种算法和工具实现智能功能，在医疗、金融、教育、娱乐等多个行业广泛应用。以下是人工智能技术层的一些关键产品和应用。

1. 机器学习平台

机器学习平台提供了一系列工具，用于快速构建、训练和部署机器学习模型。例如，Google 的 ML Kit 允许开发者在移动应用中集成图像识别和文本识别等机器学习功能。

2. 深度学习框架

深度学习框架是用于设计和训练神经网络的软件库。例如 PyTorch，因其易用性和灵活性而受到广泛欢迎，特别适合于快速原型设计和研究。

3. 计算机视觉技术

计算机视觉技术使计算机能够"看"懂图像和视频内容。OpenCV 提供了广泛的算法和工具，用于图像处理和视觉任务，如面部识别和物体检测。

4. 自然语言处理工具

自然语言处理工具用于理解和生成人类语言。NLTK 是一个流行的 Python 库，它提供了文本处理的各种资源，包括分词、词性标注和语义分析。

5. 语音识别系统

语音识别系统将人类的语音转换成文本。例如，科大讯飞的语音识别技术在多种语言和方言中都表现出色，被广泛应用于智能助手和自动翻译服务。

6. 知识图谱构建工具

知识图谱是结构化的语义知识库，通过图谱的方式存储实体之间的关系。如 Google 的 Knowledge Graph 通过链接搜索结果中的实体，提供更丰富的信息。

7. 强化学习算法

强化学习算法通过奖励和惩罚机制训练 AI 做出最优决策。如 DeepMind 的 AlphaGo 通过强化学习算法战胜了围棋世界冠军，展示了这一领域的潜力。

8. 推荐系统算法

推荐系统算法分析用户的行为和偏好，为用户推荐个性化的内容或产品。如

Amazon 的推荐算法是电子商务中个性化用户体验的关键。

9. 生成对抗网络（GANs）

生成对抗网络（generative adversarial networks，GANs）由两个网络组成：生成器和鉴别器，它们相互竞争以生成逼真的图像或数据。例如，StyleGAN 是一种可生成高质量人脸图像的生成对抗网络。

10. 智能优化算法

智能优化算法如遗传算法和粒子群优化，用于解决复杂的优化问题，如物流路径规划和资源调度。

11. 情感分析工具

情感分析工具能够识别和分类文本中的情感倾向。例如，IBM Watson Tone Analyzer 帮助企业分析客户反馈，了解客户的情感状态。

12. 聊天机器人框架

聊天机器人框架提供构建和训练聊天机器人的工具。例如，Dialogflow 允许开发者创建能理解和回应自然语言的聊天机器人。

三、人工智能在应用层的产品和应用

不管是基础层产品还是技术层产品，都是为应用层产品服务的，人工智能与行业领域的深度融合产生专属于特定行业的人工智能产品和应用，这些产品基于行业场景特征与人工智能基础和技术融合，将改变甚至重塑传统行业，下面介绍人工智能在医疗、制造、金融、智慧城市行业、领域的应用。

1. 人工智能在医疗领域的应用

医疗健康产业是提供预防、诊断、治疗、康复和缓和性医疗商品和服务的部门的总称，通常包括医药工业、医药商业、医疗服务、保健品、健康保健服务等领域。人工智能在医疗领域的应用面对医疗服务、疾病预防、政府监管、健康管理、慢性病管理、分级诊疗以及药物保障、医疗保障等多方面的痛点难点，重点解决信息的互联互通、数据整合、数据治理、标准规范、数据挖掘探索、全健康服务模型的构建与完善、业务的协同联动等。打造健康医疗数据资源共享、利用、再生产的数据生态循环，带动整个健康医疗服务模式和管理模式的创新，推动大健康服务业实现多方参与、共建共治、公平共享、服务规范、线上线下一体化的新格局，如图 5-1 所示。

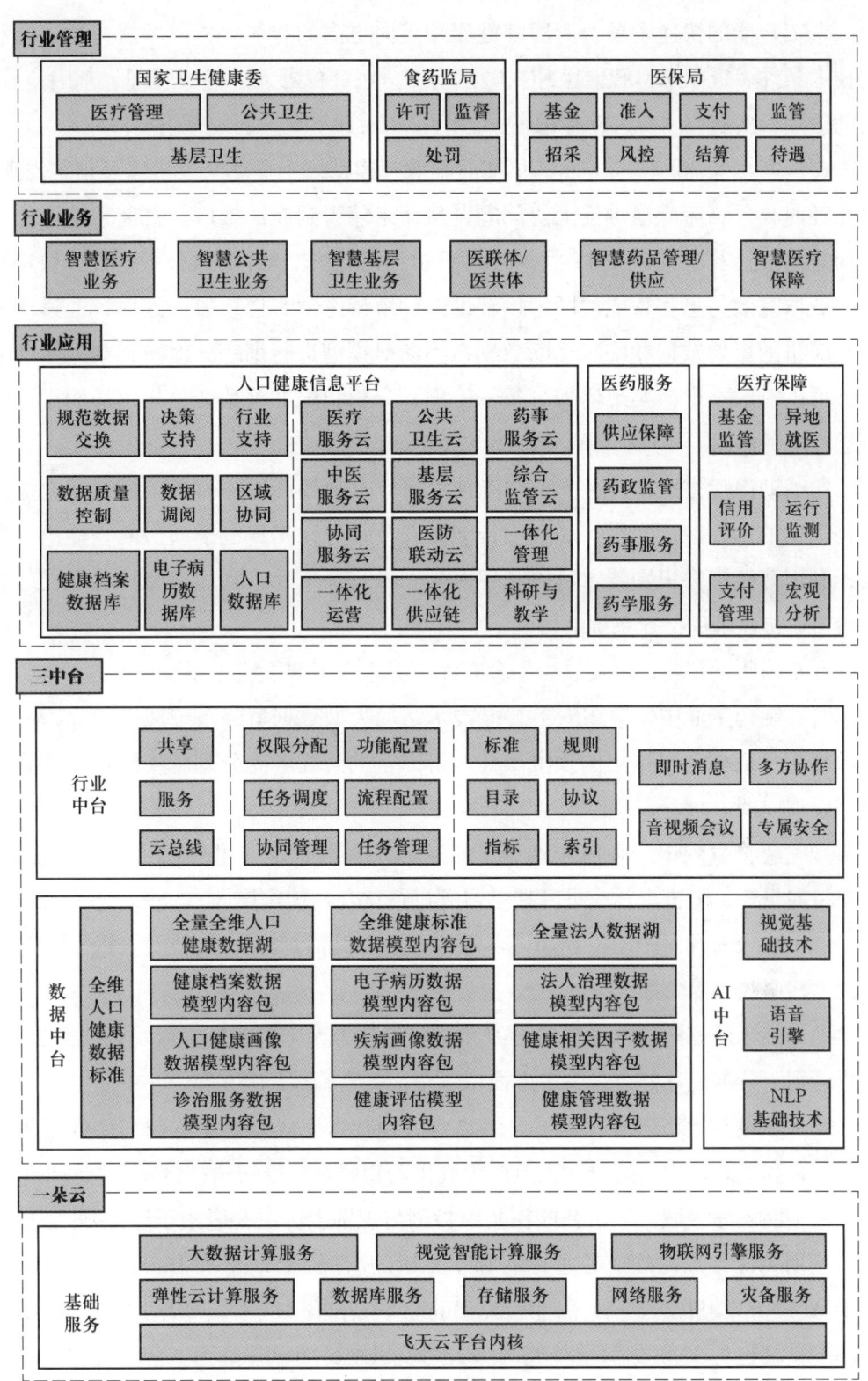

图 5-1 人工智能在医疗领域应用能力大图

人工智能的快速发展，为医疗健康领域向更高的智能化方向发展提供了有利的技术条件。近年来，智能医疗在电子病历、医疗机器人、健康管理、基因测序、辅助诊疗、疾病预测、医疗影像辅助诊断、药物开发等方面发挥重要作用。

在医疗影像辅助诊断方面，早期的影像判读系统主要靠人手工编写判定规则，存在耗时长、临床应用难度大等问题，从而未能得到广泛推广。目前智能影像一方面是通过计算机视觉技术对医学影像进行数据感知、智能化分析挖掘、快速阅片并获取有效信息和智能诊断，以辅助医师解读医学影像；另一方面，通过深度学习海量的影像数据和临床诊断数据，不断对模型进行训练，促使其掌握诊断能力，可以对医学影像实现诸如分类、检测、分割和配准等精准分析，从而帮助医生进行准确诊断。

在辅助诊疗方面，通过人工智能技术可以有效提高医护人员工作效率，提升全科医生的诊断治疗水平。如利用智能语音技术可以实现电子病历的智能语音录入；利用智能影像识别技术可以实现医学图像自动读片；利用智能技术和大数据平台可以构建辅助诊疗系统。

在新药研发领域，研发过程中会有以下五个人工智能应用场景。

（1）制药工业中，应用人工智能技术访问大型数据集，系统地用于训练机器学习模型从而驱动数据集的预测属性，可以帮助研究者充分理解疾病机制，缩短靶点发现周期。

（2）药物发现中，临床候选分子必须满足多种标准，可应用机器学习技术，如支持向量机、随机森林或贝叶斯学习等进行化合物优化设计。

（3）临床前开发阶段，利用机器学习方法可以预测药物的分子特性、水溶性、毒性、口服吸收潜力等。

（4）临床研究阶段，将机器学习和认知计算等人工智能技术应用到研究设计、流程管理、数据统计分析等诸多方面，可全面提升临床试验的效率。

（5）审批与上市阶段，通过自然语言处理技术完成海量文献和大型数据集的信息综合和汇总，为新药研发人员持续提供药物研发情报的药物研发信息数据库。

在基因测序领域，人工智能在基因检测与识别上，主要应用于异常基因发现。异常基因可能导致癌症或者遗传病和罕见病的出现。Google 和 Illumina 都推出了基于 AI 的异常基因发现平台。例如，Illumina—SpliceAI 一种开源的、基于深度学习的工具，包含 32 层的深层神经网络，用于识别剪接异常基因。在单细胞测序层面，人工智能技术已经深度参与了分子级别基因药物发现和设计，能够学习模拟细胞内化合物性质,在分子层面发现药物和精准设计针对异常基因的靶向药。例如,Deep genomics—Project Saturn[57]是一个围绕分子生物学 AI 构建的药物设计系统,能够快速发现和开发基因药物。Project Saturn 能模拟和评估针对 100 万个目标的超过 690 亿个寡核苷酸分子,从而生成含有超过 1 000 种化合物的库。这些化合物经过实验验证可按预期操纵细胞。

2. 人工智能在制造领域的应用

智能制造是基于新一代信息通信技术与先进制造技术深度融合的新型生产方式,贯穿于设计、生产、管理、服务等制造活动的各个环节,具有自动感知、自学习、自决策、自执行、自适应等功能。智能制造对人工智能的需求主要表现在以下三个方面:

一是智能装备,包括自动识别设备、人机交互系统、工业机器人以及数控机床等设备,涉及跨媒体分析推理、自然语言处理、虚拟现实智能建模及自主无人系统等关键技术。

二是智能工厂,包括智能设计、智能生产、智能管理以及集成优化等内容,涉及跨媒体分析推理、大数据智能、机器学习等关键技术。

三是智能服务,包括大规模个性化定制、远程运维以及预测性维护等服务模式,涉及跨媒体分析推理、自然语言处理、大数据智能、高级机器学习等关键技术。

例如,现有涉及智能装备故障问题的纸质化文件,可通过自然语言处理,形成数字化资料,再通过非结构化数据向结构化数据的转换,形成深度学习所需的训练数据,从而构建设备故障分析的神经网络,为下一步故障诊断、优化参数设置提供决策依据。

3. 人工智能在金融领域的应用

智能金融是人工智能技术与金融业深度融合的新业态,是用机器代替和超越人类部分经营管理经验与能力的金融模式变革。人工智能正逐步成为决定金融机构沟通客户、发现客户金融需求、辅助金融决策的重要因素。智能金融对于金融机构的业务部门来说,可以帮助获客,精准服务客户,提高效率;对于金融机构的风控部门来说,可以提高风险控制,增加安全性;对于用户来说,可以实现资产优化配置,体验到金融机构更优质的服务。人工智能在金融领域的应用主要包括以下几个方面:

智能获客:依托大数据,对金融用户进行画像,借助需求响应模型大幅提升获客效率。

身份识别：以人工智能为内核，通过人脸识别、声纹识别、指静脉识别等生物识别手段，再加上各类票据、身份证、银行卡等证件票据的 OCR 识别等技术手段，对用户身份进行验证，大幅降低核验成本并提高安全性。

大数据风控：通过大数据、算力、算法的结合，搭建反欺诈、信用风险等模型，从多维度控制金融机构的信用风险和操作风险，避免资产损失。

智能投顾：基于大数据和算法能力，对用户与资产信息进行标签化，精准匹配用户与资产。

智能客服：凭借自然语言处理能力和语音识别能力，拓展客服领域的深度和广度，大幅降低服务成本，提升服务体验。

金融云：依托云计算能力的金融科技，为金融机构提供更安全高效的全套金融解决方案。

4. 人工智能技术在智慧城市领域的应用

智慧城市又称为数字城市，最早于 2010 年由 IBM 公司提出，即"城市由关系到城市主要功能的不同类型的网络、基础设施和环境六个核心系统组成：组织（人）、业务/政务、交通、通信、水和能源。智慧的城市系统不是零散的，而是以协作方式相互衔接所组成的宏观系统"。

随着人工智能等前沿技术的融入，城市基础设施得以创新升级，全方位助力城市向智慧化方向发展。智慧城市的首要任务是优化城市功能，推动经济增长，同时利用智能技术和数据分析提高市民的生活质量。利用大数据、云计算、区块链、人工智能等前沿技术推动城市管理手段、管理模式、管理理念创新，从数字化到智能化再到智慧化，让城市更加聪明智慧，是推动城市治理体系和治理能力现代化的必由之路。

培训课程 3

人工智能未来发展趋势

学习单元1 人工智能与数据安全

一、人工智能与数据安全的关系

人工智能与数据安全是现代技术发展中两个紧密相连的领域。AI技术的迅猛发展，对数据的依赖性日益增强，这使得数据安全愈发重要。AI系统在处理、分析和学习大量数据的过程中，必须确保这些数据的安全性和隐私性，防止数据泄露和滥用。因此，未来的AI系统在设计和实施的各个阶段，都要将数据安全和隐私保护作为核心考虑因素，以保障技术的健康发展和用户安全。

从AI未来发展的趋势来看，数据安全议题将更加凸显。AI技术的进步不仅带来了前所未有的数据处理能力，也带来了新的安全挑战。例如，物联网（IoT）设备的普及和5G网络的部署使数据收集和传输变得更广泛、复杂，这就需要更高级的安全措施来保护数据的完整性和安全性。同时，AI系统自身的安全性也需要得到加强，防止恶意攻击和数据泄露。此外，随着AI在医疗、金融等敏感领域的应用越来越广泛，对数据隐私的保护也提出了更高的要求。因此，未来的AI系统在设计之初就要考虑到数据安全和隐私保护的问题，采用先进的加密技术、访问控制机制和安全协议，确保数据在收集、存储、处理和传输过程中的安全。同时，AI系统还需要具备自我防护和自我修复的能力，能够及时发现和响应安全威胁，保护系统和数据的安全。唯有如此，AI技术才能实现可持续发展，为用户提供安全、可靠、高效的服务。

二、未来保护数据安全的手段

1. 增强的隐私保护技术

随着人工智能技术的飞速发展,隐私保护技术也迎来了革新。差分隐私技术,作为保护个人数据隐私的前沿手段,其核心在于通过算法引入统计噪声,以数学的方式确保在数据分析过程中个人信息的安全性,从而在不泄露任何个体详细信息的前提下,允许对数据集进行深入的分析和学习。这种技术的进步不仅极大地促进了数据的合理利用,也强化了公众对数据共享和机器学习过程的信任。未来,随着计算能力的增强和算法的优化,差分隐私将更加精细地平衡数据的实用性与隐私保护,为高度敏感的行业(如医疗健康、金融服务等领域)提供更加安全可靠的数据处理解决方案。此外,随着法规对数据保护要求的提高,差分隐私等隐私保护技术的应用将更加广泛,成为构建信任和安全的数据生态系统的关键。

2. 数据加密技术的创新

人工智能的持续进步正推动着数据加密技术的革新。特别是在量子计算的潜在威胁下,传统的加密方法可能变得脆弱。AI 不仅能够优化现有的加密算法,提高其效率和安全性,还将助力开发新一代的量子加密技术,这些技术利用量子力学的原理,为数据传输和存储提供了一个理论上无法破解的安全层。量子加密,特别是量子密钥分发,能够检测到任何未授权的监听行为,确保密钥交换的安全性,从而在根本上防止量子计算机的潜在攻击。随着 AI 与量子加密技术的深度融合,未来的数据保护将变得更加主动和智能,能够适应不断演变的网络威胁,为数字时代的信息安全提供坚实的保障。这种技术的发展对于保护敏感数据,如金融交易、政府通信和个人隐私信息,具有重大意义。

3. 自动化的威胁检测与响应

人工智能系统逐渐集成高级的实时监控功能,使其能够持续分析网络安全态势。未来利用机器学习和深度学习技术,这些系统能够学习正常网络行为的模式,并识别异常行为,从而预测和识别潜在的安全漏洞。更重要的是,AI 不仅能够识别威胁,还能够自动采取预防措施,如隔离可疑活动、更新防火墙规则或提醒安全团队,从而在威胁造成损害之前及时阻断攻击。这种前瞻性的安全防护策略,使 AI 成为维护网络安全的关键力量。

4. 智能化的数据访问管理

通过精准的算法,AI 能够对用户行为进行分析,理解数据访问的上下文,从而实现细粒度的访问控制。这意味着系统能动态地评估每个访问请求，根据用户的身份、位置、时间以及请求的数据类型和敏感度，智能地决定是否授权访问。这种智能化的访问控制策略极大地提升了数据安全性，确保敏感信息仅对授权的个体在合适的场景下可访问，同时降低了数据泄露和滥用的风险。此外，AI 的学习能力使得访问管理策略能够随着时间不断优化，自动适应新的安全挑战和组织政策的变化。

5. AI 系统的自我防护能力

人工智能系统的未来将内嵌自我防护的先进能力，这种能力基于持续的学习和自我优化过程。随着时间的推移，AI 将通过分析新的数据和攻击模式，不断进化其安全策略和响应机制。这种自我提升的能力使 AI 能够预测和适应不断变化的网络威胁环境，从而提高对新型攻击的防御能力。AI 的这种自我增强特性意味着它可以快速识别潜在的安全漏洞，自动部署补丁和防御措施，甚至在某些情况下，能够在攻击发生之前就进行干预。这不仅增强了系统的弹性，也极大地提升了整体的安全性能，确保了在面对复杂和不断演变的网络攻击时，AI 系统能够保持稳健和可靠。

6. 数据备份和灾难恢复计划

人工智能技术正成为企业和组织确保业务连续性的关键工具。通过智能算法，AI 能够协助企业制定更加高效和可靠的数据备份解决方案，同时设计出更为周密的灾难恢复计划。这种智能化的备份和恢复机制，可以在面临数据丢失或系统故障等紧急情况时，快速激活，最大限度地减少业务中断时间。AI 的预测分析能力还可以提前识别潜在的风险点，预防灾难发生，从而为企业数据的安全性和稳定性提供坚实保障。

7. 数据安全自动化

AI 的集成不仅能够减少人为因素引起的错误，还能通过自动化监控和响应机制，显著提升数据保护的效率和效果。AI 系统能够实时分析大量数据，快速识别潜在的安全威胁，并自动部署防御措施，从而在攻击发生前就将其阻断。此外，AI 还能通过学习和适应不断变化的网络环境，优化安全策略，实现动态防御。这种智能化的自动化安全解决方案，为数据安全提供了一个更加主动、精准的保护层，帮助企业和组织构建更为坚固的安全防线。

8. 法规和伦理标准的制定

随着人工智能技术的飞速发展，全球范围内对 AI 相关的法规和伦理标准的关注也在增加。这些法规和伦理标准将逐步完善，以适应 AI 技术带来的新挑战和机遇。它们将为 AI 数据处理提供坚实的法律框架和道德指导，确保技术的发展既符合社会价值观，又能保障个人权利和自由。这包括但不限于数据隐私保护、算法透明度、责任归属和自动化决策的公正性。通过这些规范，可以建立起公众对 AI 技术的信任，促进 AI 技术的健康发展，并在社会中实现更广泛的应用。同时，这也将推动国际合作，形成全球统一的标准，为 AI 的全球治理提供基础。

9. 跨领域数据安全合作

数据安全是多维度的挑战，它超越了单纯的技术层面，深入到政策制定、法律规范以及国际的协作与协调。随着人工智能技术的不断演进，数据安全的重要性日益增加，这促使各国政府、国际组织、私营部门以及民间社会加强合作，共同应对跨国的数据泄露、网络攻击和其他安全威胁。AI 技术的发展，特别是在模式识别、异常检测和预测分析方面的进步，为数据安全合作提供了新的工具和方法。通过共享最佳实践，建立联合研究项目和制定跨国数据保护标准，不同领域和国家能够更有效地保护数据安全，打击网络犯罪，促进全球数字经济的安全和繁荣。这种合作不仅有助于提升各国的数据安全能力，也有助于构建一个更加安全、开放和互信的国际环境。

10. 数据安全合规性监控

人工智能技术的应用正在扩展到数据安全合规性监控领域，它将帮助企业更好地遵循数据保护法规。AI 系统能够实时监控数据使用情况，自动检测与合规性标准之间的偏差，确保企业在处理个人和敏感数据时始终合法合规。通过使用预测分析和模式识别，AI 能够及时发现潜在的违规行为，并采取预防措施或通知相关人员进行干预。这种智能化的监控不仅提高了合规性的监管效率，还降低了因违规而产生的法律风险和财务损失，为企业的数据安全提供了强有力的保障。

11. 数据安全教育和培训

人工智能技术的普及不仅带来了便利和效率，也对数据安全提出了更高要求。因此，相关的教育和培训变得至关重要。这不仅涉及提升公众对数据保护重要性的认识，也包括对专业人员进行深入的技能培训。教育内容应涵盖数据加密、隐私保护、安全协议等关键领域，以确保受训人员能够应对日益复杂的网络安全挑战。随着 AI 在各个领域的深入应用，这种教育和培训将有助于构建更加安全、可靠的数字环境，保护个人和企业的数据不受侵害。

12. AI 伦理和责任

随着人工智能在数据安全领域的广泛应用，AI 伦理和责任问题变得愈发重要。AI 系统在处理敏感数据和做出关键决策时，必须遵循明确的伦理准则和责任框架，包括确保 AI 的决策过程透明、公正，保护用户隐私，避免算法偏见，以及在出现安全事故时明确责任归属。同时，还需要考虑 AI 在不同文化和社会背景下的伦理适应性。通过制定和遵守严格的伦理标准，可以增强公众对 AI 技术的信任，促进 AI 技术的健康发展，并在社会中实现更广泛的应用。这不仅是技术问题，更是社会问题，需要政策制定者、技术开发者、用户和社会各界共同参与和努力。

学习单元 2　人工智能与相关新岗位

人工智能代表了科学技术领域的一次重大飞跃，如同历史上的工业革命和互联网的兴起一样，对当代社会产生了深远影响。人工智能优化了生产流程和决策制定，同时也对教育体系、劳动市场和伦理法规等提出了新的要求。随着 AI 技术的不断进步，它将持续重塑人们的工作方式、生活方式和社会互动方式。表 5-11 从就业结构、工作条件以及技能要求三个方面对工业革命、互联网发展、人工智能发展进行对比。

表 5-11　工业革命、互联网发展、人工智能发展对比

影响因素	工业革命	互联网发展	人工智能发展
就业结构	从农业向工业转移	信息化和数字化职业的兴起	自动化和智能化职业兴起，产生相关新职业
工作条件	以集中劳动的工厂制度为主，部分工厂工作环境较差	远程工作和灵活的工作时间	人机协作，工作环境智能化
技能要求	体力劳动和特定机械操作技能增加	技术技能和数字素养增加	技术技能、创新能力和适应能力增加

人工智能的迅猛发展预示着就业领域的双重变革。一方面，它催生出前所未有的新岗位（或职业），为劳动力市场注入新活力；另一方面，AI 技术促使传统职

业进行技能升级，赋予它们新的价值和功能。这种变革不仅推动了职业结构的优化，也为个人职业发展提供了新机遇，重塑着未来的工作方式。人工智能部分相关新岗位如下：

一、人工智能研发工程师

（1）相关行业、组织：科技公司、人工智能初创企业、大型企业的 AI 研发部门、科研机构以及高等教育机构。

（2）工作内容：

1）研究和开发前沿的人工智能算法和模型。

2）设计和实现 AI 系统的基础架构。

3）利用机器学习和深度学习技术解决实际问题。

4）进行技术验证和性能优化，确保 AI 系统的高效运行。

5）与跨学科团队合作，推动 AI 技术的创新应用。

二、人工智能数据分析师

（1）相关行业、组织：金融、医疗、零售、政府和教育机构等。

（2）工作内容：

1）收集、处理和分析大量数据，提取有价值的信息。

2）利用统计学方法和数据挖掘技术识别数据中的模式和趋势。

3）创建数据报告和可视化展示，以协助决策者理解数据。

4）设计和实施数据收集策略，优化数据质量。

三、智能产品设计师

（1）相关行业、组织：消费电子、智能家居、汽车、机器人等。

（2）工作内容：

1）设计人工智能产品的外观和用户界面。

2）确保产品设计符合用户体验和人机交互的最佳实践。

3）与工程师合作，将 AI 技术集成到产品之中。

4）进行用户研究和测试，不断改进产品设计。

四、机器视觉工程师

（1）相关行业、组织：制造业、质量控制机构、医疗、自动驾驶汽车等。

（2）工作内容：

1）开发和实现机器视觉系统，用于物体识别、测量和分类。

2）利用图像处理和模式识别技术提高机器视觉的准确性。

3）集成视觉传感器和硬件，优化系统性能。

4）与软件开发团队合作，将机器视觉技术集成到自动化系统中。

五、数据标注员

（1）相关行业、组织：数据分析公司、科技公司、研究机构。

（2）工作内容：

1）对图像、文本、音频和视频等数据进行分类和标记，以支持机器学习模型的训练。

2）利用专业的数据标注工具，对数据集中的对象进行识别和标记，如在图像中标记不同的物体。

3）确保数据标注的一致性和准确性，以提高 AI 算法的学习和预测能力。

4）与数据科学家和机器学习工程师紧密合作，了解模型需求，提供高质量的训练数据。

5）参与数据清洗和预处理工作，提高数据的可用性和准确性。

6）跟踪数据标注的最新技术和方法，不断提高数据标注的效率和质量。

六、AI 数据隐私顾问

（1）相关行业、组织：科技公司、法律事务所、政府机构以及任何需要处理大量个人数据的组织。

（2）工作内容：

1）制定和维护数据隐私政策，确保人工智能系统在数据收集、存储和使用过程中遵守相关的隐私法律和法规。

2）评估和管理组织的数据隐私风险，识别潜在的隐私泄漏点，并制定相应的风险缓解措施。

3）提供数据隐私方面的专业咨询，帮助企业和组织理解隐私法律的要求，并将其融入 AI 项目的开发和运营。

4）开展数据隐私培训和教育，提升组织内部对隐私保护重要性的认识，培养员工保护数据隐私的意识和技能。

5）监督和审计数据隐私政策的执行情况，确保组织在实际操作中遵循既定的隐私保护措施。

6）与技术团队合作，设计和实施隐私保护技术解决方案，如数据加密、匿名化处理等，以增强数据的安全性。

7）在发生数据泄露或隐私违规事件时，提供应急响应和后续处理建议，减少事件对组织和用户的影响。

8）跟踪最新的数据隐私法律动态和技术发展，不断更新和优化数据隐私管理策略。

七、智能驾驶员

（1）相关行业、组织：智能汽车制造、自动驾驶技术公司、交通运输企业、远程控制服务提供商。

（2）工作内容：

1）监控智能汽车的运行状态，确保其在自动驾驶模式下的安全。

2）在智能汽车遇到技术限制或操作不当时，进行远程干预和操控。

3）与自动驾驶系统协同工作，提供必要的人工决策支持。

4）进行远程故障诊断，快速响应并解决技术问题。

5）与乘客沟通，确保乘客对车辆操作和状态有清晰的了解。

6）参与智能汽车的测试和验证，收集反馈以优化系统性能。

7）遵守并执行交通法规和安全标准，确保远程操控合法合规。

8）与研发团队合作，提升智能汽车的自动驾驶技术。

9）参与制定智能汽车远程操控的规程和应急预案。

10）持续学习自动驾驶和远程控制的最新技术，保持专业知识的更新。

职业模块 ❻
相关法律、法规知识

培训课程 1

人工智能相关的中国法律与标准

学习单元1 《中华人民共和国劳动法》相关知识

《中华人民共和国劳动法》（以下简称《劳动法》）是为了保护劳动者的合法权益，调整劳动关系，建立和维护适应社会主义市场经济的劳动制度，促进经济发展和社会进步，根据宪法制定的法律。《劳动法》主要内容如下。

一、《劳动法》适用范围和劳动者权利

1.《劳动法》适用范围

《劳动法》适用于在中华人民共和国境内的企业、个体经济组织（以下统称用人单位）和与之形成劳动关系的劳动者。同时，国家机关、事业组织、社会团体和与之建立劳动合同关系的劳动者也依照本法执行。

2. 劳动者的权利

劳动者享有平等就业和选择职业的权利、取得劳动报酬的权利、休息休假的权利、获得劳动安全卫生保护的权利、接受职业技能培训的权利、享受社会保险和福利的权利、提请劳动争议处理的权利以及法律规定的其他劳动权利。

劳动者应当完成劳动任务，提高职业技能，执行劳动安全卫生规程，遵守劳动纪律和职业道德。

用人单位应当依法建立和完善规章制度，保障劳动者享有劳动权利和履行劳动义务。

劳动者就业，不因民族、种族、性别、宗教信仰不同而受歧视。

二、劳动合同

劳动合同是劳动者与用人单位确立劳动关系、明确双方权利和义务的协议。建立劳动关系应当订立劳动合同。订立和变更劳动合同，应当遵循平等自愿、协商一致的原则，不得违反法律、行政法规的规定。同时，劳动合同依法订立即具有法律约束力，当事人必须履行劳动合同规定的义务。

劳动合同应当以书面形式订立，并具备劳动合同期限、工作内容、劳动保护和劳动条件、劳动报酬、劳动纪律、劳动合同终止的条件和违反劳动合同的责任。除前款规定的必备条款外，当事人可以协商约定其他内容。

三、工作时间和休息休假

1. 工作时间

国家实行劳动者每日工作时间不超过八小时、平均每周工作时间不超过四十四小时的工时制度。用人单位应当保证劳动者每周至少休息一日，不得违反本法规定延长劳动者的工作时间。用人单位应当以货币形式按月支付给劳动者本人工资，不得克扣或者无故拖欠劳动者的工资。

工资分配必须遵循以下原则：按劳分配、同工同酬；工资水平在经济发展的基础上逐步提高；工资总量宏观调控；用人单位依法自主决定工资分配方式和工资水平。

2. 休假

用人单位在下列节日期间应当依法安排劳动者休假：元旦，春节，国际劳动节，国庆节，法律、法规规定的其他休假节日。

3. 延长工作时间

用人单位由于生产经营需要，经与工会和劳动者协商后可以延长工作时间，一般每日不得超过一小时；因特殊原因需要延长工作时间的，在保障劳动者身体健康的条件下延长工作时间每日不得超过三小时，每月不得超过三十六小时。

用人单位不得违反本法规定延长劳动者的工作时间。如有紧急状况，例如发生自然灾害、事故或者因其他原因，威胁劳动者生命健康和财产安全，需要紧急处理的；生产设备、交通运输线路、公共设施发生故障，影响生产和公众利益，必须及时抢修的。法律、行政法规规定的其他情形。延长工作时间不受上述时间限制。

四、职业培训

国家通过各种途径，采取各种措施，发展职业培训事业，开发劳动者的职业技能，提高劳动者素质，增强劳动者的就业能力和工作能力。

用人单位应当建立职业培训制度，按照国家规定提取和使用职业培训经费，根据本单位实际，有计划地对劳动者进行职业培训。从事技术工种的劳动者，上岗前必须经过培训。

国家确定职业分类，对规定的职业制定职业技能标准，实行职业资格证书制度，由经备案的考核鉴定机构负责对劳动者实施职业技能考核鉴定。

五、社会保险和福利

国家致力于发展社会保险事业，建立社会保险制度，设立社会保险基金，使劳动者在年老、患病、工伤、失业、生育等情况下获得帮助和补偿。用人单位和劳动者必须依法参加社会保险，并按规定缴纳社会保险费。

劳动者在退休、患病、负伤、因工伤残或者患职业病、失业、生育情形下，有权依法享受社会保险待遇。劳动者死亡后，其遗属依法享受遗属津贴。

劳动者享受社会保险待遇的条件和标准由法律、法规规定。并且应确保按时足额支付劳动者的社会保险金。

用人单位应当创造条件，改善集体福利，提高劳动者的福利待遇。

学习单元2 《中华人民共和国劳动合同法》相关知识

《中华人民共和国劳动合同法》是为了完善劳动合同制度，明确劳动合同双方当事人的权利和义务，保护劳动者的合法权益，构建和发展和谐稳定的劳动关系而制定的法律。中华人民共和国境内的企业、个体经济组织、民办非企业单位等组织（以下称用人单位）与劳动者建立劳动关系，订立、履行、变更、解除或者终止劳动合同，适用本法。国家机关、事业单位、社会团体和与其建立劳动关系的劳动者，订立、履行、变更、解除或者终止劳动合同也依照本法执行。

一、劳动合同的订立

用人单位自用工之日起即与劳动者建立劳动关系。用人单位招用劳动者时，应如实告知劳动者工作内容、工作条件、工作地点、职业危害、安全生产状况、劳动报酬，以及劳动者要求了解的其他情况。

用人单位有权了解劳动者与劳动合同直接相关的基本情况，劳动者应当如实说明。用人单位招用劳动者，不得扣押劳动者的居民身份证和其他证件，不得要求劳动者提供担保或者以其他名义向劳动者收取财物。

用人单位与劳动者建立劳动关系，应当订立书面劳动合同。劳动合同应当具备以下条款：

1. 用人单位的名称、住所和法定代表人或者主要负责人；
2. 劳动者的姓名、住址和居民身份证或者其他有效身份证件号码；
3. 劳动合同期限；
4. 工作内容和工作地点；
5. 工作时间和休息休假；
6. 劳动报酬；
7. 社会保险；
8. 劳动保护、劳动条件和职业危害防护；
9. 法律、法规规定应当纳入劳动合同的其他事项。

除上述必备条款外，用人单位与劳动者还可以约定试用期、培训、保守秘密、补充保险和福利待遇等其他事项。

二、劳动合同的履行和变更

1. 劳动合同的履行

用人单位与劳动者应当按照劳动合同的约定，全面履行各自的义务。用人单位应当按照劳动合同约定和国家规定，向劳动者及时足额支付劳动报酬。用人单位拖欠或者未足额支付劳动报酬的，劳动者可以依法向当地人民法院申请支付令，人民法院应当依法发出支付令。

用人单位应当严格执行劳动定额标准，不得强迫或者变相强迫劳动者加班。安排正当加班时，用人单位应当按照国家有关规定向劳动者支付加班费。

劳动者拒绝用人单位管理人员违章指挥、强令冒险作业的，不视为违反劳动合同。同时，劳动者对危害生命安全和身体健康的劳动条件，有权对用人单位提出批评、检举和控告。

用人单位发生合并或者分立等情况，原劳动合同继续有效，劳动合同由承继其权利和义务的用人单位继续履行。

2. 劳动合同的变更

用人单位与劳动者协商一致，可以变更劳动合同约定的内容。变更劳动合同，应当采用书面形式。变更后的劳动合同文本由用人单位和劳动者各执一份。

三、试用期

劳动合同期限三个月以上不满一年的，试用期不得超过一个月；劳动合同期限一年以上不满三年的，试用期不得超过两个月；三年以上固定期限和无固定期限的劳动合同，试用期不得超过六个月。同一用人单位与同一劳动者只能约定一次试用期。以完成一定工作任务为期限的劳动合同或者劳动合同期限不满三个月的，不得约定试用期。

劳动者在试用期的工资不得低于本单位相同岗位最低档工资或者劳动合同约定工资的80%，并且不得低于用人单位所在地的最低工资标准。

四、劳动合同的解除和终止

用人单位与劳动者协商一致，可以解除劳动合同。劳动者提前三十日以书面形式通知用人单位，可以解除劳动合同。劳动者在试用期内提前三日通知用人单位，可以解除劳动合同。

用人单位未按照劳动合同约定提供劳动保护或者劳动条件、未及时足额支付劳动报酬、未依法为劳动者缴纳社会保险费，或其制度违反法律、法规规定，损害劳动者权益的，劳动者可以解除劳动合同。上述情况下，用人单位应向劳动者支付经济补偿。经济补偿按劳动者在本单位工作的年限，每满一年支付一个月工资的标准向劳动者支付。六个月以上不满一年的，按一年计算；不满六个月的，向劳动者支付半个月工资的经济补偿。

如果用人单位以暴力、威胁或者非法限制人身自由的手段强迫劳动者劳动，或者用人单位违章指挥、强令冒险作业危及劳动者人身安全，劳动者可以立即解除劳动合同，不需事先告知用人单位，并有权索要经济补偿。

学习单元3 《中华人民共和国网络安全法》相关知识

《中华人民共和国网络安全法》旨在保障网络安全，维护网络空间主权和国家安全、社会公共利益，保护公民、法人和其他组织的合法权益，促进经济社会信息化健康发展。

一、网络安全法的核心内容

在中华人民共和国境内建设、运营、维护和使用网络，以及网络安全的监督管理，均适用本法。

建设、运营网络或者通过网络提供服务，应当依照法律、行政法规的规定和国家标准的强制性要求，采取技术措施和其他必要措施，保障网络安全、稳定运行，有效应对网络安全事件，防范网络违法犯罪活动，维护网络数据的完整性、保密性和可用性。

任何个人和组织使用网络应当遵守宪法法律，遵守公共秩序，尊重社会公德，不得危害网络安全，不得利用网络从事危害国家安全、荣誉和利益，煽动颠覆国家政权、推翻社会主义制度，煽动分裂国家、破坏国家统一，宣扬恐怖主义、极端主义，宣扬民族仇恨、民族歧视，传播暴力、淫秽色情信息，编造、传播虚假信息扰乱经济秩序和社会秩序，以及侵害他人名誉、隐私、知识产权和其他合法权益等活动。

二、网络运行安全

1. 个人信息

网络运营者应当按照国家网络安全等级保护制度的要求，履行安全保护义务，保障网络免受干扰、破坏或者未经授权的访问，防止网络数据泄露或者被窃取、篡改。

网络产品、服务具有收集用户信息功能的，其提供者应当向用户明示并取得同意；涉及用户个人信息的，还应当遵守本法和有关法律、行政法规关于个人信息保护的规定。

网络运营者应当制定网络安全事件应急预案，及时处置系统漏洞、计算机病毒、网络攻击、网络侵入等安全风险。在发生危害网络安全的事件时，立即启动应急预案，采取相应的补救措施，并按照规定向有关主管部门报告。

任何个人和组织不得从事非法侵入他人网络、干扰他人网络正常功能、窃取网络数据等危害网络安全的活动。不得提供专门用于从事侵入网络、干扰网络正常功能及防护措施、窃取网络数据等危害网络安全活动的程序、工具。明知他人从事危害网络安全的活动的，不得为其提供技术支持、广告推广、支付结算等帮助。

网信部门和有关部门在履行网络安全保护职责中获取的信息，只能用于维护网络安全的需要，不得用于其他用途。

2. 关键信息

国家对公共通信和信息服务、能源、交通、水利、金融、公共服务、电子政务等重要行业和领域，以及其他一旦遭到破坏、丧失功能或者数据泄露，可能严重危害国家安全、国计民生、公共利益的关键信息基础设施，在网络安全等级保护制度的基础上，实行重点保护。

关键信息基础设施的运营者在中华人民共和国境内运营中收集和产生的个人信息和重要数据应当在境内存储。因业务需要，确需向境外提供的，应当按照国家网信部门会同国务院有关部门制定的办法进行安全评估。

关键信息基础设施的运营者应当自行或者委托网络安全服务机构对其网络的安全性和可能存在的风险每年至少进行一次检测评估，并将检测评估情况和改进措施报送相关负责关键信息基础设施安全保护工作的部门。

三、网络信息安全

1. 个人信息的收集与保护

网络运营者应当对其收集的用户信息严格保密，并建立健全用户信息保护制度，收集、使用个人信息，应当遵循合法、正当、必要的原则，公开收集、使用规则，明示收集、使用信息的目的、方式和范围，并经被收集者同意。网络运营者不得收集与其提供的服务无关的个人信息，不得违反法律、行政法规的规定和双方的约定收集、使用个人信息，并应当依照法律、行政法规的规定和与用户的约定，处理其保存的个人信息。同时网络运营者不得泄露、篡改、毁损其收集的个人信息；未经被收集者同意，不得向他人提供个人信息。

网络运营者应当采取技术措施和其他必要措施，确保其收集的个人信息安全，防止信息泄露、毁损、丢失。在发生或者可能发生个人信息泄露、毁损、丢失的情况时,应当立即采取补救措施,按照规定及时告知用户并向有关主管部门报告。

任何个人和组织不得窃取或者以其他非法方式获取个人信息,不得非法出售或者非法向他人提供个人信息。

2. 发布信息的监管

网络运营者应当加强对其用户发布的信息的管理,发现法律、行政法规禁止发布或者传输的信息的,应当立即停止传输该信息,采取消除等处置措施,防止信息扩散,保存有关记录,并向有关主管部门报告。

任何个人和组织发送的电子信息、提供的应用软件,不得设置恶意程序,不得含有法律、行政法规禁止发布或者传输的信息。网络运营者应当建立网络信息安全投诉、举报制度,公布投诉、举报方式等信息,及时受理并处理有关网络信息安全的投诉和举报。

学习单元4 《中华人民共和国知识产权海关保护条例》相关知识

《中华人民共和国知识产权海关保护条例》所称知识产权海关保护,是指海关对与进出口货物有关并受中华人民共和国法律、行政法规保护的商标专用权、著作权和与著作权有关的权利、专利权(以下统称知识产权)实施的保护。

一、知识产权的备案

知识产权权利人可以依照本条例的规定,将其知识产权向海关总署申请备案。申请备案时,应当提交申请书,包括下列内容:

知识产权权利人的名称或者姓名、注册地或者国籍等;知识产权的名称、内容及其相关信息;知识产权许可行使状况;知识产权权利人合法行使知识产权的货物的名称、产地、进出境地海关、进出口商、主要特征、价格等;已知的侵犯知识产权货物的制造商、进出口商、进出境地海关、主要特征、价格等。前款规定的申请书内容有证明文件的,知识产权权利人应当附送证明文件。

知识产权海关保护备案自海关总署准予备案之日起生效,有效期为 10 年。知识产权权利人可以在知识产权海关保护备案有效期届满前 6 个月内,向海关总署申请续展备案。每次续展备案的有效期为 10 年。

知识产权海关保护备案有效期届满而不申请续展或者知识产权不再受法律、行政法规保护的,知识产权海关保护备案随即失效。

二、侵权物品的处理

知识产权权利人发现侵权嫌疑货物即将进出口的,可以向货物进出境地海关提出扣留侵权嫌疑货物的申请。

海关发现进出口货物有侵犯备案知识产权嫌疑的,应当立即书面通知知识产权权利人。知识产权权利人自通知送达之日起 3 个工作日内提出申请,并提供担保的,海关应当扣留侵权嫌疑货物,书面通知知识产权权利人,并将海关扣留凭单送达收货人或者发货人。知识产权权利人逾期未提出申请或者未提供担保的,海关不得扣留货物。经海关同意,知识产权权利人和收货人或者发货人可以查看有关货物。

知识产权权利人请求海关扣留侵权嫌疑货物的,应当向海关提供不超过货物等值的担保,用于赔偿可能因申请不当给收货人、发货人造成的损失,以及支付货物由海关扣留后的仓储、保管和处置等费用;知识产权权利人直接向仓储商支付仓储、保管费用的,从担保中扣除。具体办法由海关总署制定。

三、法律责任

被扣留的侵权嫌疑货物,经海关调查后认定侵犯知识产权的,由海关予以没收。海关没收侵犯知识产权货物后,应当将侵犯知识产权货物的有关情况书面通知知识产权权利人。

被没收的侵犯知识产权货物可以用于社会公益事业的,海关应当转交给有关公益机构用于社会公益事业;知识产权权利人有收购意愿的,海关可以有偿转让给知识产权权利人。被没收的侵犯知识产权货物无法用于社会公益事业且知识产权权利人无收购意愿的,海关可以在消除侵权特征后依法拍卖,但对进口假冒商标货物,除特殊情况外,不能仅清除货物上的商标标识即允许其进入商业渠道;侵权特征无法消除的,海关应当予以销毁。

学习单元5 《信息安全技术 个人信息安全规范》相关知识

近年来，随着信息技术的快速发展和互联网应用的普及，越来越多的组织大量收集和使用个人信息。本标准针对个人信息面临的安全问题，依据《中华人民共和国网络安全法》等相关法律，规范个人信息控制者在收集、存储、使用、共享、转让和公开披露等信息处理环节中的相关行为，旨在遏制个人信息非法收集、滥用和泄漏等乱象，最大程度地保障个人的合法权益和社会公共利益。

一、个人信息安全

个人信息控制者开展个人信息处理活动应遵循合法、正当和必要的原则，具体包括：

1. 权责一致——采取技术和其他必要的措施保障个人信息的安全，对其个人信息处理活动对个人信息主体合法权益造成的损害承担责任。

2. 目的明确——具有明确、清晰和具体的个人信息处理目的。

3. 选择同意——向个人信息主体明示个人信息处理目的、方式和范围等规则，征求其授权同意。

4. 最小必要——只处理满足个人信息主体授权同意的目的所需的最少个人信息类型和数量。目的达成后，应及时删除个人信息。

5. 公开透明——以明确、易懂和合理的方式公开处理个人信息的范围、目的和规则，并接受外部监督。

6. 确保安全——具备与所面临的安全风险相匹配的安全能力，并采取足够的管理措施和技术手段，保护个人信息的保密性、完整性和可用性。

7. 主体参与——向个人信息主体提供查询、更正、删除其个人信息，以及撤回授权同意、注销账户、投诉等方法。

二、个人信息的收集

所有个人或组织收集个人信息应当具备合法性，不应以欺诈、诱骗、误导的方式收集个人信息；不应隐瞒产品或服务所具有的收集个人信息的功能；不应从非法渠道获取个人信息。

当产品或服务提供多项需收集个人信息的业务功能时，个人信息控制者不应违背个人信息主体的自主意愿，强迫其接受产品或服务所提供的业务功能及相应的个人信息收集请求。具体要求包括：

1. 不应通过捆绑产品或服务各项业务功能的方式，要求个人信息主体一次性接受并授权同意其未申请或使用的业务功能收集个人信息的请求。

2. 应把个人信息主体自主作出的肯定性动作，如主动点击、勾选、填写等，作为产品或服务的特定业务功能的开启条件。个人信息控制者应仅在个人信息主体开启该业务功能后，开始收集个人信息。

3. 个人信息主体不授权同意使用、关闭或退出特定业务功能的，不应频繁征求其授权同意。

4. 个人信息主体不授权同意使用、关闭或退出特定业务功能的，不应暂停其自主选择使用的其他业务功能，或降低其他业务功能的服务质量。

5. 不得仅以提高服务质量、提升使用体验、研发新产品和增强安全性等为由，强制要求个人信息主体同意收集个人信息。

收集个人信息时应向个人信息主体告知收集、使用个人信息的目的、方式和范围等规则，并获得个人信息主体的授权同意。收集个人敏感信息前，应征得个人信息主体的明示同意，并确保其在完全知情的基础上自主给出具体、清晰明确的意愿表示。收集个人生物识别信息前，应单独向个人信息主体告知收集、使用个人生物识别信息的目的、方式和范围，以及存储时间等规则，并征得其明示同意。特殊地，收集年满 14 周岁未成年人的个人信息前，应征得未成年人或其监护人的明示同意；不满 14 周岁的，应征得其监护人的明示同意。

三、个人信息的处理

1. 个人信息的储存

个人信息存储期限应为实现个人信息主体授权使用的目的所必需的最短时间，法律法规另有规定或者个人信息主体另行授权同意的除外。

超出上述个人信息存储期限后，应对个人信息进行删除或匿名化处理。

收集个人信息后，个人信息控制者宜立即进行去标识化处理，并采取技术和管理方面的措施，将可用于恢复识别个人的信息与去标识化后的信息分开存储并加强访问和使用的权限管理。

传输和存储个人敏感信息时，应采用加密等安全措施；个人生物识别信息应与个人身份信息分开存储。

2. 个人信息的使用

对被授权访问个人信息的人员，应建立最小授权的访问控制策略，使其只能访问职责所需的最小必要的个人信息，且仅具备完成职责所需的最少的数据操作权限。

对个人信息的重要操作设置内部审批流程，如进行批量修改、拷贝和下载等重要操作。

对安全管理人员、数据操作人员和审计人员的角色进行分离设置。

确因工作需要，需授权特定人员超权限处理个人信息的，应经个人信息保护责任人或个人信息保护工作机构进行审批，并记录在册。

对个人敏感信息的访问、修改等操作行为，宜在对角色权限控制的基础上，按照业务流程的需求触发操作授权。例如，当收到客户投诉，投诉处理人员才可访问该个人信息主体的相关信息。

涉及通过界面展示个人信息的（如显示屏幕、纸面），个人信息控制者宜对需展示的个人信息采取去标识化处理等措施，降低个人信息在展示环节的泄露风险。例如，在个人信息展示时，防止内部非授权人员及个人信息主体之外的其他人员未经授权获取个人信息。

学习单元6 《信息安全技术 关键信息基础设施安全保护要求》相关知识

为保护关键信息基础设施运行安全，在国家网络安全等级保护制度基础上，借鉴我国相关部门在重要行业和领域开展网络安全保护工作的成熟经验，吸纳国内外在关键信息基础设施安全保护方面的举措，结合我国现有网络安全保障体系等成果，本文件规定了关键信息基础设施安全防护、入侵防范、监测预警、事件处置等方面的安全要求。适用于指导运营者对关键信息基础设施进行全生命周期安全保护。

一、安全防护

1. 安全管理制度

落实国家网络安全等级保护制度相关要求，开展网络和信息系统的定级、备案、安全建设整改和等级测评等工作。制定适合组织的网络安全保护计划，明确关键信息基础设施安全保护工作的目标，从管理体系、技术体系、运营体系、保障体系等方面进行规划，加强机构、人员、经费、装备等资源保障，支持关键信息基础设施安全保护工作。网络安全保护计划应形成文档并经审批后发送至相关人员。网络安全保护计划应每年至少修订一次，或发生重大变化时进行修订。

2. 安全管理机构

成立网络安全工作委员会或领导小组，由组织主要负责人担任其领导职务，明确一名领导班子成员作为首席网络安全官，专职管理或分管关键信息基础设施安全保护工作。

设置专门的网络安全管理机构，明确机构负责人及岗位，建立并实施网络安全考核及监督问责机制。每个关键信息基础设施明确一名安全管理员责任人，将网络安全管理机构人员纳入本组织信息化决策体系。

3. 安全运维管理

保证关键信息基础设施的运维地点位于中国境内，如确需境外运维，应符合我国相关规定，并在运维前应与维护人员签订安全保密协议。在运维管理过程中，确保优先使用已在本组织登记备案的运维工具，如确需使用未登记备案的运维工具，应在使用前通过恶意代码检测等测试。

二、入侵防范

采取技术手段，提高对高级可持续威胁（APT）等网络攻击行为的入侵防范能力。实现系统主动防护，及时识别并阻断入侵和病毒行为，使用自动化工具来支持系统账户、配置、漏洞、补丁、病毒库等的管理。

三、监测预警

1. 监测

在网络边界、网络出入口等网络关键节点部署攻击监测设备，发现网络攻击和未知威胁，对关键业务所涉及的系统进行监测（例如：对不同网络安全等级保护系统、不同区域的系统之间的网络流量进行监测等），并对监测信息采取保护措施，防止其受到未授权的访问、修改和删除。

分析系统通信流量或事态的模式，建立常见系统通信流量或事态的模型，并使用这些模型调整监测工具参数，以减少误报和漏报。全面收集网络安全日志，构建违规操作模型、攻击入侵模型、异常行为模型，强化监测预警能力。

采用自动化机制，对关键业务所涉及的系统的所有监测信息进行综合分析，以便及时关联系统、脆弱性、威胁等，分析关键信息基础设施的网络安全态势。关键信息基础设施跨组织、跨地域建设时，构建集中统一指挥、多点全面监测、多级联动处置的动态感知能力。

将关键业务运行所涉及的各类信息进行关联系统，并分析整体安全态势，包括：分析不同存储库的审计日志并使之关联。将多个信息系统内多个组件的审计记录关联；将信息系统审计记录信息与物理访问监控的信息关联。将来自非技术源的信息（例如：供应链信息、关键岗位人员信息等）与信息系统审计信息关联。

通过安全态势分析结果来确定安全策略和安全控制措施是否合理有效，必要时进行更新。

2. 预警

将监测工具设置为自动模式。当发现可能危害关键业务的迹象时，能自动报警，并自动采取相应措施，降低关键业务被影响的可能性。例如：恶意代码防御机制、入侵检测设备或者防火墙等弹出对话框，发出声音或者向相关人员发出电子邮件等方式进行报警。

对网络安全共享信息和报警信息等进行综合分析，研判，必要时生成内部预警信息。对于可能造成较大影响的，应按照相关部门要求进行通报。内部预警信息的内容应包括：基本情况描述、可能产生的危害及程度、可能影响的用户及范围、宜采取的应对措施等。

应能持续获取预警发布机构的安全预警信息，分析、研判相关事件或威胁对自身网络安全保护对象可能造成损害的程度，必要时启动应急预案。获取的安全预警信息应按照规定通报给相关人员和相关部门。

采取相关措施对预警进行响应，当安全隐患得以控制或消除时，应执行预警解除流程。

四、事件处理

1. 制度

建立网络安全事件管理制度,明确不同网络安全事件的分类分级、不同类别和级别事件处置的流程等,制定应急预案并形成网络安全事件管理文档,事件处置制度应符合国家联防联控相关要求,并将信息共享给相关方,按规定参与和配合相关部门开展的网络安全应急演练和应急处置案例仿真等工作。

2. 事件报告

当发生有可能危害关键业务的安全事件时,应及时向安全管理机构报告,组织研判,形成事件报告,并通知可能受影响的内外部人员和组织。

除此之外,根据检测评估、监测预警、主动防御中发现的安全隐患或发生的安全事件,以及处置结果,并结合安全威胁和风险变化情况开展评估,必要时重新开展业务、资产和风险识别工作,并更新安全策略。

培训课程 2

人工智能相关的国际法律与标准

学习单元1 《国际劳工组织（ILO）公约》相关知识

国际劳工组织（ILO）公约是由国际劳工组织制定的一系列国际协议，旨在设定劳工标准，促进社会正义和人权的实现。这些公约涉及广泛的劳工议题，包括就业、职业安全与健康、社会保障、工作条件、平等机会和待遇等。ILO的公约和建议书为各成员国提供了指导，帮助它们改善工作条件，保障工人权利。

一、第111号公约

本公约要求每个签署成员国根据其国内条件和习惯，宣布并实施一项促进就业和职业机会平等与待遇平等的国家政策，以消除就业和职业方面的任何歧视。

如果有正当理由怀疑某人从事危害国家安全的活动或正在进行此类活动，对其采取的任何措施不应被视为歧视，但该人有权向按照本国习惯设立的主管机构申诉。根据国际劳工大会通过的其他公约或建议中规定的特殊保护或扶助措施，不应视为歧视。在与代表性的雇主组织和工人组织（如果存在）磋商后，任何成员国可以确定某些其他特殊措施不被视为歧视，因为这些措施旨在满足因性别、年老无能、家庭负担或社会或文化地位等原因而需要特殊保护或扶助的人的特殊需要。

二、208号建议书

注意到全球失业率和就业不足率持续增高，不平等问题依然存在，并注意到劳动世界环境的迅速变革，例如气候变化带来的挑战，这加剧了技能错配和技能短缺，因此需要发展高质量的学徒制，为各年龄段的人提供持续获得技能、重新获得技能和提升技能的机会。建立高质量学徒制监管框架，并设立资格框架或体系，以促进对通过学徒制培训获得的能力的认可。代表性的雇主组织和工人组织应参与高质量学徒框架、制度、政策和计划的设计、实施、监测和评估。

学习单元2　欧盟《通用数据保护条例》（GDPR）相关知识

欧盟《通用数据保护条例》（GDPR）制定了处理个人数据时保护自然人的规则，以及个人数据自由流动的规则。该条例旨在保护自然人的基本权利与自由，尤其是自然人享有的个人数据保护权。GDPR适用于全自动处理、半自动处理以及形成或旨在形成用户画像的非自动处理个人数据的情况。

一、个人数据处理原则

个人数据的处理应当是为了实现数据处理目的而适当的、相关的和必要的"数据最小化"。

个人数据应当是准确的，必须及时更新和采取合理措施修正不准确的个人数据，即违反初始目的的个人数据。

对涉及数据主体的个人数据，应当以合法的、合理的和透明的方式来进行处理。

二、数据主体的权利

数据主体是指个人信息被收集，处理和存储的个人。数据主体有权从控制者那里及时得知其相关的不正确信息的更正。在考虑处理目的的前提下，数据主体应当有权完善不充分的个人数据，包括通过提供额外声明的方式来进行完善。数据主体有权要求控制者删除关于其个人数据的权利。

三、自动决策与个人权利

数据主体有权反对此类自动化的个人决策：即完全依赖于自动化处理包括用

户画像而对数据主体产生法律影响或同样重要影响的决策。

四、数据安全和隐私保护

在考虑最新技术水平、实施成本、处理的性质、范围、语境与目的，以及处理对自然人权利与自由带来的风险的可能性和严重性之后，数据控制者和处理者应当采取包括但不限于以下适当的技术与组织措施，以确保与风险相适应的安全水平：

1. 个人数据的匿名化和加密；
2. 保持处理系统与服务的保密性、公正性、有效性以及重新恢复的能力；
3. 在遭受物理性或技术性事件的情形中，有能力恢复对个人数据的获取与访问；
4. 具有为保证处理安全而常规性地测试、评估与评价技术性与组织性手段有效性的流程。

在评估适当的安全级别时，应特别考虑处理过程中可能带来的风险，尤其是在个人数据传输、储存或处理过程中可能发生的意外或非法销毁、丢失、篡改、未经授权的披露或访问。

五、数据保护影响评估（DPIA）

当某种类型的处理（尤其是使用新技术进行的处理）可能对自然人的权利与自由带来高风险时，控制者应在处理之前评估计划的处理过程对个人数据保护的影响。评估时需考虑处理的性质、范围、语境与目的。必要时，控制者应进行核查，评估处理是否符合数据保护影响评估的要求，并且至少在处理操作的风险发生变化时，应进行重新核查。

学习单元 3　IEEE Standards for AI Ethics（人工智能设计的伦理准则）相关知识

智能和自主技术系统虽然减少了人类日常生活中的手工操作，但其可能带来隐私侵犯、歧视、技能丧失、关键基础设施安全风险等影响。为了确保这些系统以人为本,并符合人类的价值观和伦理标准。我们必须建立框架,指导认识这些技术可能带来的超出技术本身的影响,并就此进行对话和讨论。

一、设计、开发原则

合乎伦理地设计、开发和应用人工智能,应遵循以下一般原则:
1. 人权:确保它们不侵犯国际公认的人权;
2. 福祉:在它们的设计和使用中优先考虑人类福祉的指标;
3. 问责:确保它们的设计者和操作者负责任且可问责;
4. 透明:确保它们以透明的方式运行;
5. 慎用:将滥用的风险降到最低。

二、个人数据权利和个人访问控制

人们有权决定其个人数据的访问权限,有权利用知情同意控制其个人数据的使用,这是人类的基本需要。个人需要各种机制来帮助建立、维护其独特的身份和个人数据,还需要其他政策和做法,使他们能明确知晓融合或转售其个人信息将产生的后果。

三、透明和个人权利

尽管自我完善的算法和数据分析可以自动化影响公民的决策,但法律应强制要求透明性、参与性和准确性,以确保这些系统的公正性和可靠性。

首先,必须允许当事人、其律师和法院可以合理地获取政府和其他国家机关采用这些系统所产生和使用的所有数据和信息。其次,如果可能的话,系统中嵌入的逻辑和规则必须对监管人员开放,并接受风险评估和严格测试。再次,系统应当生成用于决策的事实和法律的审计数据,并服从第三方核查。最后,公众有权了解是谁通过投资来制定或支持关于这类系统的伦理决策。这些措施旨在维护公民的权利和信任,同时确保算法和数据分析系统的公平性和透明性。

四、通用人工智能(AGI)和超人工智能的安全性和有益性

根据某些理论,当系统接近并超过 AGI 时,无法预料的或无意的系统行为将变得越来越危险且难以纠正。并不是所有的 AGI 级别的系统都能够与人类利益保持一致,因此,当这些系统的能力越来越强大时,智能和自我改善的技术系统的

开发和使用涉及相当大的风险。这些风险可能来源于滥用或不良设计。我们应当谨慎并确定不同系统的运行机制。

学习单元 4　*Ethics Guidelines for Trustworthy AI*（可信赖的人工智能伦理准则）相关知识

欧盟委员发布了人工智能道德准则 *Ethics Guidelines for Trustworthy AI*（可信赖的人工智能伦理准则），提出了实现可信赖人工智能全生命周期的框架。报告从三个基本条件、可信赖 AI 的基础和可信赖 AI 的实现，分析了"可信赖 AI 全生命周期框架"，并提出了四项伦理准则和实现可信赖 AI 的七个关键要素。

一、三个基本条件

准则的目标是推进可信赖 AI 的发展。可信赖 AI 在系统的全生命周期中需要满足三个条件：

合法的。系统应该遵守所有适用的法律法规；

合伦理的。系统应该与伦理准则和价值观相一致；

鲁棒的。不管从技术还是社会的角度来看，AI 系统都可能会造成伤害。所以系统中的每个组件都应该满足可信赖 AI 的要求。

二、可信赖 AI 的基础

根据国际人权法律、欧盟条约和欧盟宪章，专家组提出了 AI 系统应该涵盖的基本权利，其中有些权利在欧盟是法律强制执行的，因此保证这些权利也是法律的基本要求，包括：尊重人的尊严，维护个人自由，尊重民主、正义与法治，促进平等、不歧视与团结，保障公民权利。可信赖 AI 的基础包括以下四条伦理准则。

1. 尊重人的自主性

AI 系统不应该胁迫、欺骗、操纵人类。相反，AI 系统的设计应该以增强、补充人类的认知、社会和文化技能为目的。人类和 AI 系统之间的功能分配应遵循以人为中心的设计原则，而且 AI 系统的工作过程中要确保人的监督。AI 系统也可能从根本上改变工作领域。它应该在工作环境中支持人类，并致力于创造有意义的工作。

2. 预防伤害

AI 系统不应该引发、加重伤害，或对人类产生不好的影响，需要保护人类的尊严和身心健康。AI 系统和运行的环境必须是安全的，要求技术上必须是鲁棒的，而且要确保 AI 技术不会被恶意使用。

3. 公平性

AI 系统的开发、实现和应用必须是公平的。虽然对公平性可能会有不同的解读，但是应当确保个人和组织不会受到不公平的偏见、歧视等。如果 AI 系统可以避免不公平的偏见，就可以增加社会公平性。为此，AI 系统做出的决策以及做决策的过程应该是可解释的。

4. 可解释性

用户对 AI 系统的信任是非常关键的，因此整个决策的过程、输入和输出的关系都应该是可解释的。

三、可信赖 AI 的实现

1. 人的能动性和监督

AI 系统应通过支持人的能动性和基本权利以实现公平社会，而不是减少、限制或错误地指导人类自治。人类的监督可以帮助确保 AI 系统不影响人类自主或产生不良的后果。监督可以通过不同的管理机制来实现，根据 AI 系统应用领域和潜在的风险，可以实现不同程度的监督机制以支持不同的安全和控制措施。

2. 技术鲁棒性和安全性

可信赖的 AI 系统的关键部分就是技术鲁棒性，这与防止伤害的原则是紧密相关的。技术鲁棒性要求算法足够安全、可靠和稳健，以处理 AI 系统所有生命周期阶段的错误或不一致。

良好的开发和评估过程可以支持、缓解和纠正出现不准确的预测的非故意风险。如果偶尔的不准确的预测不可避免，那么系统应该要能计算这种错误情况发生的概率。在可能会对人类生命安全带来影响的 AI 系统中，准确度的要求是非常重要的，比如自动驾驶和在刑事司法领域的应用。

AI 系统的结果必须要是可重现的和可靠的。对 AI 系统进行详细检查以防产生意外的伤害。可重现性是指科学家和政策制定者要能够准确地描述 AI 系统的行为。

3. 隐私和数据管理

公民应该完全控制自己的数据，同时与之相关的数据不会被用来伤害或歧视他们。AI 系统必须确保系统的整个生命周期内都要确保隐私和数据保护。这既包括用户提供的信息，也包括用户在和系统交互过程中生成的信息。同时要确保收集的数据不会用于非法地或不公平地歧视用户的行为。

4. 透明性

应确保 AI 系统相关元素的可追溯性，包括数据、系统和商业模型。

系统产生决策使用的数据集和过程都应该记录下来以备追溯，并且应该增加透明性，具体包括收集的数据和算法使用的数据标记。可追溯性包括可审计性和可解释性。

5. 多样性、非歧视性和公平性

AI 系统应考虑人类能力、技能和要求的总体范围，并确保可接近性。该需求与公平性原则是紧密相关的。AI 系统使用的数据集可能会不可避免地存在歧视、不完整和管理不当等问题。AI 系统开发的方式可以通过以一种明确和透明的方式分析系统的目的、局限性、需求和决策来解决问题。

6. 社会和环境福祉

AI 系统是为了解决一些最迫在眉睫的社会难题，同时要保证尽可能地以环境友好型的方式出现。系统的开发、实现和使用过程，以及整个供应链都应该进行这方面的评估。应采用 AI 系统来促进积极的社会变革，增强可持续性和生态责任。

7. 问责

识别、评估、记录、最小化 AI 系统的负面效应对 AI 应用是非常重要的。涉及开发、应用和 AI 系统使用的影响评估可以帮助减少负面影响。应建立机制，确保对 AI 系统及其成果负责和问责。